高等院校动画专业系列教材

数字绘画
综合技法

赵鑫　李铁　编著

清华大学出版社
北京

内 容 简 介

本书重点讲解十余种数字绘画技法，涵盖电影、动画、数字媒体等数字绘画和设计相关领域。全书共12章，内容包括线条的绘制技法、迅速平涂技法、圈影绘制技法、复合式蒙版绘制技法、熏染绘制技法、面线结合绘制技法、面线肌理结合绘制技法、数字绘画的画笔工具、点吸式绘制技法、"广义画笔"意识、叠色绘制综合技法、综合模拟绘制技法，适用于分镜头设计、概念场景及角色设定、场景绘制、流程化上色操作、风格类插画绘制等应用领域。

本书可作为动画、游戏及数字媒体专业本科生和研究生的教材，适合数字绘画、数字艺术爱好者阅读和自学，也可供动画、游戏设计等从业人员参考。

图书在版编目（CIP）数据

数字绘画综合技法 / 赵鑫，李铁编著 . -- 北京：清华大学出版社，2024.12.
（高等院校动画专业系列教材）. -- ISBN 978-7-302-67753-6

Ⅰ . TP391.413

中国国家版本馆 CIP 数据核字第 2024G2H480 号

责任编辑： 刘向威
封面设计： 文　静
版式设计： 常雪影
责任校对： 韩天竹
责任印制： 刘　菲

出版发行： 清华大学出版社
　　　　网　　　址：https://www.tup.com.cn，https://www.wqxuetang.com
　　　　地　　　址：北京清华大学学研大厦 A 座　　邮　　编：100084
　　　　社 总 机：010-83470000　　　　　　　　邮　　购：010-62786544
　　　　投稿与读者服务：010-62776969，c-service@tup.tsinghua.edu.cn
　　　　质 量 反 馈：010-62772015，zhiliang@tup.tsinghua.edu.cn
印 装 者： 三河市铭诚印务有限公司
经　　销： 全国新华书店
开　　本： 185mm×260mm　　　**印　张：** 16.25　　　**字　数：** 299 千字
版　　次： 2024 年 12 月第 1 版　　　　　　　　**印　次：** 2024 年 12 月第 1 次印刷
印　　数： 1~3000
定　　价： 79.00 元

产品编号：099158-01

前 言
PREFACE

　　本书充分结合实际案例，以循序渐进的方式介绍了当前被业界广泛应用的复合式蒙版绘制技法、熏染绘制技法、面线结合绘制技法、叠色绘制综合技法、数字油画模拟绘制技法、中国画模拟绘制技法等十余种数字绘画技法；详细说明了 Photoshop 画笔面板及其特色功能，笔刷创建、插件笔刷应用等操作，向读者展示了非线性数字绘画的独特魅力；涵盖动画、电影、新媒体及出版等数字绘画的相关应用领域，涉及影视概念美术、分镜头、游戏美术绘制、风格类插画绘制等众多应用方向。

　　本书汇聚了编者一系列高质量的案例作品，其中包括中国美术家协会主办的中国首届数字插画展参展作品、国家艺术基金"中华传统节日文化视觉创作与传播人才培养"系列创作，以及东方创意之星教师教学创新大赛国赛金奖、米兰设计周——中国高校设计学科师生优秀作品展（国赛）一等奖、中国好创意暨全国数字艺术设计大赛教师组插画漫画组一等奖、首届全国"中华文化符号和形象"原创动漫作品大赛插画组一等奖等众多获奖作品。这些作品主题鲜明，内容积极向上，传承中华优秀传统文化，弘扬社会主义核心价值观，体现了新时代课程思政的内涵。

　　本书既注重案例的实际应用，又反复强化数字绘画技法之间的相互联系，使知识结构非常紧凑，便于读者的理解；同时兼顾了实战技法和重点基础知识的连接，对于传统绘画与数字绘画的结合，以及数字绘画思路和意识的培养等方面也分享了很多经验之谈。本书尝试以图文结合的方式讲解书中案例，强调重点环节和重点步骤，强化逻辑关系，增强内容的紧凑性和可读性。在绘制案例方面侧重"综合""多元"特性，加入当前较为流行的影视遮罩绘画的知识讲解，以及油画风格数字绘画模拟技术等案例分析。以 Photoshop、Clip Studio Paint、Painter、Procreate 等软件作为数字绘画基础技法原理的操作平台，同时举例说明多元绘制软件的独特性和相关性，进一步开阔数字绘画创作者的视野。

数字绘画是艺术和技术的完美结合，创作者既要有扎实的美术功底和较高的审美能力，又要对数字绘画创作特性深入理解，对相关软件技术娴熟运用，更要在创作实践中多加思索、敢于尝试。衷心希望本书能为我国数字艺术的人才培养和产业应用尽绵薄之力。

本书第 1 ~ 3 章和第 7 ~ 12 章由赵鑫编写，第 4 ~ 6 章由李铁编写，全书由赵鑫负责修改及统稿。

由于编者水平有限，书中不当之处在所难免，欢迎广大同行和读者批评指正。

编 者
2024 年 6 月

目 录
CONTENTS

第1章

线条的绘制技法

1.1 线面结合的绘画表现

"线面结合"是一种在数字绘画中经常采用的画面表现方式，主要通过"线条+颜色块面"的组织方式来呈现画面。线条起到勾勒物体轮廓、快速展现画面内容和加强物体造型的作用；颜色块面是画面中的色彩关系的主要载体，它赋予画面中物体以体量和质感，并帮助建立整体的画面氛围。

对于数字绘画的初学者而言，线面结合技法的学习是一个非常好的起点。它不仅提供了一个清晰的学习路径，还提供了大量的实践机会。通过学习这种技法，读者可以快速入门数字绘画，为今后的学习和创作打下坚实的基础。在流程化绘制序列中，该技法集成了线稿绘制、快速平涂、圈影和熏染四位一体的模式，使绘制过程更加流畅；在结构性方面，每个技法模块既相互联系又相对独立。读者可以逐步学习、实践，逐渐掌握绘画技巧；由于其清晰的视觉效果和鲜明的色彩，这种技法在商业插画中非常受欢迎，有大量的实际应用场景；这种技法不仅涵盖了绘画技巧，还整合了相关软件的操作环节，如Photoshop（以下简称PS），使读者在学习绘画的同时也能掌握相关软件的使用技巧，帮助读者更容易地掌握数字绘画中的各种技巧和操作，为进一步学习和创新提供了基础。线面结合技法强调物体的明确造型，要求轮廓鲜明；画面的层次关系因此变得清晰，泾渭分明；画面效果清新亮丽，视觉吸引力强；因此被广泛用于插画绘制、新媒体动画设计、游戏美术制作等动漫创作领域（见图1.1.1）。

图1.1.1　线面结合的表现风格

　　线条是绘画中的基础元素，它在图像构成、传达和解读中起着至关重要的作用。无论是传统绘画还是数字绘画，线条都是创作者用来表达自己创意和情感的重要工具。线条是定义与描绘形状、轮廓和物体结构的基础，为观者提供关于物体形态的直观信息。这在很多数字绘画、商业插画中表现得尤为突出。

　　中国传统绘画中的线条不仅是形式上的表达，还是情感、哲理和文化的传递。它是一种与生命、自然和宇宙相互交融的艺术形式。中国画的线条注重"气韵生动"，它既是对物体的形态描述，又是对物体生命力的捕捉。创作者用笔时追求线条的灵动和流畅，使之如同呼吸般有生命。在同一幅作品中，通过线条的粗细、速度和强度变化形成视觉上的节奏和动态。这种变化反映了创作者在绘制时呼吸、情感和力量的控制（见图1.1.2）。

图1.1.2　数字绘画中模拟工笔画线条

在数字绘画中，"线"指使用数字画笔和其他工具来创建形状、轮廓及其他定义艺术作品主题的形式。近年来，数字绘画已成为一种越来越受欢迎的艺术形式，因为它允许创作者使用一系列数字工具和技术创作复杂而细致的作品。数字绘画中线条的使用在许多方面与传统绘画相似。然而，数字绘画为使用线条的创作者提供了一些独特的优势和挑战。例如，创作者用数字笔刷能够创造出不同粗细、光滑度与流畅度的线条，甚至还能模拟出多种形状和纹理。数字工具的这种灵活性还提供了对线条使用的高度控制——创作者可以轻松调整和修正线条，而无须依赖擦除或遮盖等传统绘画修正方法。这一点对于构建复杂的图画结构或在创作过程后期对作品进行调整尤为有价值。此外，线条的使用还可以通过滤镜、纹理和图层等其他数字工具的使用进一步强化，这些工具可以增加作品的深度和复杂度，并创造出一系列特效。总之，线条在数字绘画中扮演着至关重要的角色，它让创作者能够利用一系列的数字工具和技术创作出细致而复杂的艺术作品，结合传统绘画技术和数字技术的独特优势，创作出既美观又充满创意的作品（见图1.1.3）。

图1.1.3　线条绘制的多元表现

在艺术和绘画的语境中，术语"线"指由钢笔、铅笔、毛笔或其他工具在表面上留下的连续标记。它是许多视觉艺术形式的基本元素，其意义和功能可以根据上下文和创作者的意图而变化。绘画中的线条可以表示各种品质，如纹理、形式、运动和情绪等。例如，粗壮的线条可以暗示大胆和力量，而细腻的线条则可以表示脆弱和细腻。线条的方向和质量也可以表示情感、运动和深度。线条还可以用来定义物体的轮廓，并创造出一种体积、形式和结构的图形意象（见图1.1.4）。

"线面结合"的数字绘画表现形式遵循着传统二维动漫美术制作中"定型上色"

图1.1.4 画面中的线条图形意向

的基本流程，以"定型"为先导、"上色"为补充。在"线面结合"的系列绘制流程中，线稿绘制体现了此类风格作品的整体画面内容及形体塑造，是重中之重的环节。线条的勾勒使得初步的创意具象化，并且为后续的上色环节打下了坚实的基础，保证了整体画面的连贯性和完整性（见图1.1.5）。

画面中无论是角色还是场景，在线条勾勒之后就已经形成了明确的造型感觉，成为画面组织的一个强有力因素。从某种角度而言，线条的成败决定了整个画面外在的"形式美"，这就需要创作者充分把握软件特性，掌握实用的线条绘制方法和步骤，通过数位软件技术提升线稿绘制效果。在接下来的章节中将重点介绍相关软件中有关线条绘制的功能，以及绘制实战中非常实用的绘制步骤和技法。在领会基本操作原理的同时，要有针对性地反复练习，灵活应用在创作实践中，一定会有所收获。

图1.1.5 "线面结合"流程概览

1.2 Clip Studio Paint 线条绘制

数字绘画呈现了多种软件相互配合应用的趋势。每个软件都有独特的功能和特色，创作者为了追求更好的创作效果，往往会选择多种工具来完成一个作品。例如，用Clip Studio Paint（CSP）进行细节绘画和线条勾勒，然后转到PS中进行基本的图像编辑和色彩调整，再依靠Painter添加一些特殊的笔触和效果。这种跨软件的工作流程使得创作更加灵活，可以充分利用每个软件的优势。此外，不同软件之间的集成和兼容性也得到了持续的改进。许多软件都支持PSD格式，这使得在不同的软件之间导入和导出项目变得更加容易。这种相互配合的趋势不仅增加了创作者的创作选择，还进一步提高了工作效率和创作质量。

PS作为数字艺术和图像编辑界的先驱，为后来的绘画和设计软件设定了一种标准和范例。其强大的功能和灵活性确立了现代数字创作的许多基本概念和工作流程。如果用户已经熟悉了PS的界面和基本功能，在转向其他软件时会发现许多相似的操作和工具，不仅可以借鉴PS中的经验和技能，还可以更快地适应新软件的工作环境。这种熟悉感可以显著减少学习新软件的难度，提高学习效率。

相较于PS，CSP也是一套系统化的创作平台，在某些方面具有独特的优势。接下来将侧重于介绍CSP与PS配合时的线条绘制功能，并探索这两款软件在相互协作时如何发挥最大的潜力。

1. 初识 Clip Studio Paint

Clip Studio Paint（以下简称CSP）是由日本CELSYS公司开发的绘图软件，拥有ComicStudio与IllustStudio的主要功能，可用于漫画原稿、插画、动画的绘制，支持Windows、macOS、iOS及iPadOS操作系统。CSP提供了一套完整的绘画工具，包括各种画笔、颜色、图层和特效，使创作者能够创作高质量的数字艺术作品。对于已经习惯使用PS的创作者，转向CSP是一个相对顺畅的过程，能够在短时间内上手并开始新的创作项目（见图1.2.1）。

图1.2.1　Clip Studio Paint（CSP）

丰富的笔刷库：CSP拥有一个多样化的笔刷库，从模拟真实媒介的铅笔、水彩笔到专门为数字绘画设计的特效笔刷，范围非常广泛。

笔刷纹理与效果：每种笔刷都具有独特的纹理和效果。例如，水彩笔刷可以模拟湿润纸上的水彩效果，而油画笔刷则能模拟厚重的颜料涂抹。

自定义与导入：除了内置的笔刷，CSP还允许用户自定义笔刷或导入第三方笔刷，以满足更为专业和细致的需求。

G笔尖（G-Pen）是一种非常受欢迎的线稿绘制工具。它可以模仿传统的G笔创建清晰、锐利的线条，同时根据压力变化产生线条粗细的变化，非常适合进行漫画、插画和其他形式的数字艺术创作。G笔尖与许多CSP的笔刷工具一样，对数位板的压力变化非常敏感。这意味着，当绘制时增加压力，线条会变得更粗；减轻压力则会得到更细的线条（见图1.2.2）。

图1.2.2　G笔尖绘制的线条

G笔尖提供的线条非常平滑且连续，但用户可以根据需要调整其设置，以获得所需的线条效果。在漫画和插画创作中，G笔尖非常适合绘制清晰、定义明确的线稿。CSP允许用户根据自己的需求设置G笔尖的参数。例如，可以调整笔尖的大小、形状、压力曲线等，使其更符合自己的绘画风格。CSP的G笔尖提供了出色的线稿绘制功能，如果与PS结合，还可以进一步提高工作流的效率。例如，可以在CSP中完成线稿，然后将其导入PS进行着色和后期处理。

2. 线条稳定器

线条稳定器的功能是帮助创作者轻松绘制出流畅的线条，特别是在绘制长线或曲线时，能够减少手的抖动带来的误差。CSP中的稳定器有多个等级，从轻微稳定到强烈稳定，创作者可以根据需要选择适当的稳定等级（见图1.2.3）。

CSP的"手抖修正"功能是非常受欢迎的特性之一，尤其适用于线稿绘制。手抖修正，也称为"线条稳定器"，可以帮助创作者创建平滑和流畅的线条，减少由于手抖造成的线条不规则。在笔刷工具属性栏中，通过滑动条来调整手抖修正的程度。滑动条的值越高，修正效果越强。这对于需要精确控制的线条，如细节勾勒或细致的描边非常有效（见图1.2.4）。在CSP中，创作者可以实时调整线条宽度，为作品带来更好的深度和动态效果。对于使用数位板的创作者，CSP支持笔的压力感应，轻轻一按或重重一压，线条宽度会相应地变化，为作品增添动感。

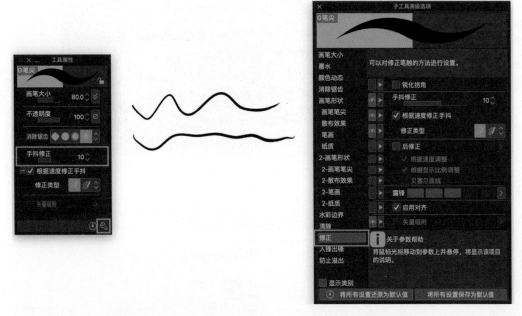

图1.2.3　画笔工具设置面板"手抖修正"工具及选项

图1.2.4　线条稳定器应用效果

3. 快捷键与定制

　　CSP允许创作者为常用的工具或操作设置快捷键，从而大大提高绘画效率。执行"文件"→"快捷键设置"菜单命令，可以对常规高频应用工具进行个性化快捷键设置（见图1.2.5）。除了快捷键外，CSP的工具栏、菜单和界面布局都支持个性定制。无论是喜欢简洁界面的创作者还是喜欢一应俱全的专业插画师，都可以根据自己的习惯进行设置，打造出个性化的工作环境。以笔者创作实践为例，右手握笔绘制，高频快捷键主要集中于键盘左侧（见表1.2.1）。

图1.2.5 设置键盘快捷键

表1.2.1 常规快捷键设置

快捷键设置	对应命令操作
1	新建栅格图层
2	画笔工具（G笔尖）
3	旋转画布工具
4	移动工具

4. 常规应用工具

在二维图形绘制软件的学习旅程中，一切始于基本的绘画技巧，慢慢进入熟悉绘制与擦除技巧，以及对作品明暗层次的敏感观察。以CSP为例，它为用户提供了一整套的高效工具和快捷方式，这些设计巧妙地简化了艺术创作的流程，使用户能够在不同功能间无缝切换，提升整体的绘画效率。CSP中的许多基础快捷键与PS软件一致，如使用快捷键Ctrl+Z进行撤销操作，或者快捷键Ctrl+T激活自由变换功能等，这样的共通性大大降低了学习曲线，便于跨软件操作。

橡皮擦工具：这是绘图过程中不可或缺的工具，允许创作者快速修正或删除线条。可单击工具栏"橡皮擦工具" 按钮◆，或按快捷键E，可分别单击快捷键"[" "]"调整橡皮擦工具大小。

画布旋转工具：此工具非常适合创作者从不同角度查看或绘制作品。可以使用默认快捷键R随时旋转画布。如果想要快速重置画布到初始位置，只须双击"画布旋转工具"按钮或画布。

放大镜工具：查看细节或对特定区域进行放大时，放大镜工具🔍是非常有用的。它的默认快捷键是Z。当此工具被选中时，单击画布可以逐步放大，或者框选特定区域进行放大。同时，配合Alt键可以轻松缩小画布。

抓手工具：抓手工具提供了快速移动画布的功能。按Space键，配合数位笔拖动画布，方便观察。

5. CSP 线条绘制图层应用

创作者通常在PS中完成初步的创意草图，另存为JPG格式图片文件，然后在CSP中打开该文件，作为阶段性线稿绘制的参考文件。执行"窗口"→"图层"菜单命令调取图层面板，适当调整当前参考图层的不透明度，方便创作者更好观察后续线稿绘制。CSP的图层面板具备PS的基本特征。

单击图层面板的"新建图层组"按钮📁，创建一个新的图层来进行线稿工作，可以根据绘画需求自由增加更多的图层。若需要合并图层，可使用快捷键Ctrl+E实现。在指定的图层组内绘制和合并线稿，能有效避免意外地将线稿层与草图或参考图层合并，从而保证工作的组织性和清晰度（见图1.2.6）。

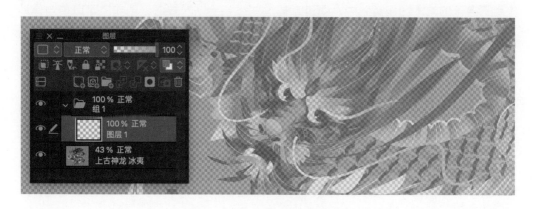

图1.2.6 设置线稿绘制图层

在CSP中，创作线稿是一个既灵活又个性化的过程，它允许创作者根据主题和独特风格来调整绘图方法，有效地运用图层管理工具，按照元素将线稿进行逻辑分组，确保在不同图层之间保持清晰的对应关系。此外，采用多彩标记法为线稿着色，可以极大提高后期在PS中的编辑效率，使得各部分的识别和修改变得直观。CSP不仅对线稿绘制的支持在功能上优异，它还能够将绘制结果保存为PSD格式文件，从而无缝兼容PS，为跨软件工作流提供了极大的便利（见图1.2.7）。

图1.2.7 绘制结果保存为PSD格式文件

1.3 线稿绘制综合技法

数字绘画独有的媒介特性赋予了它在线条创作上独特的优势和更多可能性。本节将重点介绍一些实用的线条绘制技巧，旨在为读者提供灵感和指导。这些建议并非一成不变，而是为激发创作者的创造力，鼓励他们将这些技法与个人风格相融合，灵活应用于自己的艺术创作实践中。通过掌握这些线条绘制的方法，创作者可以更自信地将自己的视觉语言转换到数字画布上。

1. 短线原则

在数字绘画中，短线原则指将长线化整为零，建议将单一长线分解成多个短线段进行组合式绘制，以此来模拟一个流畅的长线条效果。这种方法不仅可以减轻绘制长线时手部抖动的问题，而且可以提高线条的控制精度。尽管现代绘图软件提供了各种"平滑"或"补正"工具来优化线条，但如果绘制过程中产生了过多的角度变化，即使通过软件校正，最终的线条也可能显得生硬。值得注意的是，尽管在画笔设置中采用了相同的"补正"参数，不同的绘制技巧也会导致截然不同的线条效果。因此，掌握短线原则对于创造出看起来专业和光滑的长线条至关重要（见图1.3.1）。

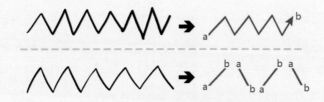

图1.3.1 短线原则对比示意

在绘制复杂曲线时短线原则同样有效。这个方法类似于传统绘画中使用云尺等工具来辅助绘制流畅的曲线。它将一条曲线分解成若干具有不同曲率的短线段，逐一绘制并精细连接。将此方法应用到数字绘画中，创作者可以借助短线原则灵活地创作出各种线条效果，无论是简单的直线还是复杂的曲线，都能以更易控制和精确的方式来表现。这种绘制策略大大拓宽了创作的范围，使创作者能够以细腻的触感捕捉并表现出更加细致和生动的线条质感（见图1.3.2）。

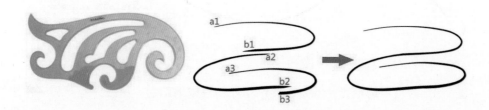

图1.3.2　基于云尺绘制原理的曲线绘制

在线面结合风格的插画绘制中，短线原则在线条绘制阶段得到了广泛的应用。创作者会在初步造型分析和个人绘制习惯的基础上，特意将线条分解成多个小段。这种细致分解的策略确保了每一笔画都能精准到位，无明显的突变，从而保证了线稿整体的流畅感。采用短线原则不仅为创作者在绘制过程中提供了思考的空间，也有助于在保持线条简短的同时精确塑造形体，这样可以避免在绘制过程中因线条过长而忽略细节，充分表达和展现作品中的精细之处（见图1.3.3）。

图1.3.3　绘制卡通造型角色线条

2. 甩线对位法

在线条绘制的实践中，结合使用"甩线对位"和"短线原则"是一种高效的方法。首先对画面中的线条形态进行"拆分组织"分析，明确即将绘制短线的大致起止方向。然后在一个新建图层中完成线条绘制并利用移动工具将线条精准对位。"甩线"这一技巧强调的是在绘制过程中保持较高的速度，力求每一笔都干净利落。即使启用软件的防抖或补正功能，不同的绘制速度和力度仍然会产生截然不同的线条感觉。这种方法不仅提高了绘制效率，还使线条具有更强的动态感和表现力，从而丰富了整个作品的视觉效果。通过这种方式，创作者可以更好地控制线条的流畅性和精确性，同时在绘制中注入个人的风格和感觉（见图1.3.4）。

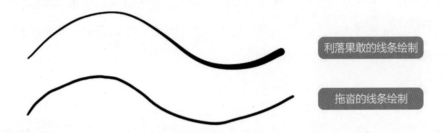

利落果敢的线条绘制

拖沓的线条绘制

图1.3.4　以不同速度绘制的线条

图1.3.5中盔甲边缘线条的绘制展示了如何有效地结合"甩线对位"和"短线原则"。在C1和C2之间的线条绘制过程中，尽管这段线条本身已满足了画面的需求，但是在甩线绘制时，线条的起点a和终点b往往会故意绘出实际所需的范围。尤其是在终点部分，更是需要有意识地"甩"出去。这种做法不仅提高了绘制线条的速度和流畅度，还赋予了线条更多的动感和精确度，为后续的对位调整提供了更大的灵活空间。

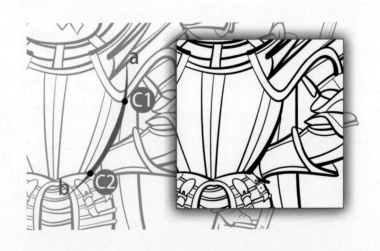

图1.3.5　"甩线对位"起点与终点的位置

甩线的实际绘制状态会根据物体结构的塑造需求而有所不同，有时需要坚实有力，有时需要快速如电，有时需要轻盈灵动，有时需要笨拙有力。通过这种多变的甩线技巧，可以表达更加丰富的视觉语言，更好地塑造出物体之间的形态关系，增强作品的整体表现力和视觉冲击力。

在图1.3.6中，首先在图层1上，根据草图中角色头发的大致形状，从a点到b点绘制一段线条。然后在图层2上，从a1点到b1点绘制另一段具有动感的"甩线"风格的线条，同时参考草图进行适当的移动和对位。完成这两步之后，将这两个线条图层合并，使用橡皮擦工具在两段线条交叉的下方部分进行精细地擦除。这样的处理方法能有效地结合两种线条的优点，既保持了线条的流畅性和动感，又能够根据草图的指引精确塑造头发的形状和风格。这种层叠绘制和修改是数字绘画中常用的方法，有助于创作出更加精细和富有表现力的作品。

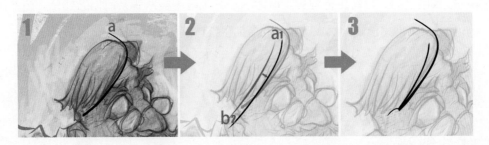

图1.3.6　"甩线对位"合并修正

画面中线条的多样性和对比关系是创造视觉丰富性的关键。绘制时应深入考虑画面内容，针对不同的形态关系调整线条的特性，这不仅包括线条的粗细、虚实和疏密，还涉及主导或辅助的角色。恰当地运用这些对比关系，有助于强化画面的层次感和动感，同时也有助于塑造形体关系。通过对这些元素的深入理解和应用，创作者可以在实践中不断扩展和磨练自己的技巧。特别是对于"甩线对位"技巧，通过持续的练习和对自己绘画风格的探索，可以逐渐掌握并找到适合自己的绘制感觉（见图1.3.7）。

图1.3.7　形态各异的"甩线"

3. 叠层修正法

对于绘制相对复杂的造型，充分利用图层的非线性编辑功能是一种有效的方法。在新建的图层上绘制额外的细节线条，从而补充和完善造型，然后使用橡皮擦工具擦除下方图层中被上层新线条遮挡的部分，这样不仅保持了原有线条的整体结构，而且通过增强上层的细节提升了造型的复杂度和深度。叠层修正法允许创作者在不破坏原始线条构图的基础上添加新的元素，同时也提供了修改和优化的灵活性。通过分层绘制和精确擦除，可以创造出更为丰富和层次分明的视觉效果，特别适用于复杂造型的精细描绘。此外，这种方法也让创作者有更多的机会进行尝试和调整，因为可以随时新增或移除细节而不影响整体作品的完整性。

在图1.3.8所示的龙主题的线稿绘制中，在当前线稿层之上继续创建图层并进行龙须造型的线稿绘制。新图层的使用也使得实施"甩线对位"的技巧更加方便，完成新图层的线条绘制后，再利用橡皮擦工具擦除下方图层中被新线条遮挡的部分，使图像的每一部分都能保持清晰的层次感，同时增加了整体造型的复杂度。

图1.3.8 叠层修正法分解示例

在实际的数字绘画实践中，线稿的层叠绘制是一个逐步发展的过程，它遵循一种系统的绘制顺序。这个过程通常包括：不断新建图层，进行完善绘制，修正下方图层，最后合并相关图层。这种方法步骤明确，非常适合在处理复杂造型时层层叠加细节。通过这种分层和迭代的方法，创作者可以在保持整体构图和设计意图的同时，逐步增加或调整细节。这种逐层建立和细化的过程不仅有助于更精确地控制造型的各个方面，还提供了修改和完善作品的灵活性（见图1.3.9）。

4. 主线衔接法

主线衔接法是一种在数字绘画中绘制线条的常用技巧，特别适用于创造流畅且细节丰富的造型。这种方法是先绘制两条主要的流畅线条，这两条主线条构成了画面的基本造型。然而，两条主线条的起点和终点并不直接相连，而是留有一定的空隙，大小可以根据画面的需要而调整。为了衔接两条主线条并增强整体造型的连贯性和细节丰富度，创作者会在这些间隙中沿着整体的造型趋势添加小的细节线条，巧妙地连接两条主线，从而增强画面的整体流畅感。通过这种方式，可以在保持造型简洁的同时，添加必

图1.3.9　叠层修正法应用效果

要的复杂性和深度，使作品既有明确的结构，又不失精细的观感。主线衔接法的优点在于它提供了一种平衡造型的主线条和细节的有效方法，使画面的整体效果既统一又具有层次。这种技术对于塑造形体、增加动感或表达细腻的纹理等尤为有效。

在图1.3.10中，首先绘制两条主线条来表现手臂和手掌，两条主线条之间保留一定的间隙。在绘制主线条时，采用的是类似"甩线"的技巧，这种技术强调速度和流畅性，而不是过分精确地控制线条的结束点。随后使用短小的细节线条来衔接手臂和手掌，这些补充式的细节线条不仅填补了主要线条之间的空隙，而且增加了作品的细节层次，使得整个画面更加丰富和生动。通过主线衔接法，画面不仅展现了结构上的丰富性，还增强了作品的细节表现力。

图1.3.10　采用主线衔接法绘制手臂和手掌

长线与短线的绘制感觉上存在显著差异。长线往往要求更广阔的手臂运动和更强的整体感觉控制，而短线则更多依赖于手指的微妙调整和对细节的精确把握。主线衔接法能够有效地帮助创作者在开始时就把握主要造型的线条走向，并在主线条之间留有足够的空间进行后续的细节补充。这类似于书法中的"补笔"，不仅完善了整体造型，还对细节进行了深入的处理和诠释。通过这种方法绘制出的线条既流畅又细腻，使整个作品显得更加精致和高级。这种技术对于保持作品的整体协调性和视觉吸引力极为重要，尤其是在创作复杂场景或详细的角色设计时。它不仅提供了一种有效的方法来平衡线条的流畅性和细节丰富性，还允许创作者在整个绘制过程中有更大的控制空间，以实现更精准和更具表现力的视觉效果（见图1.3.11）。

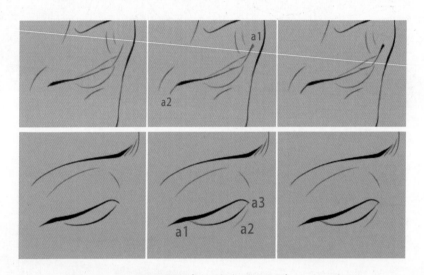

图1.3.11　主线衔接法在工笔线稿绘制中的灵活运用

主线衔接法是一种高效的绘制技法，它不仅为数字绘画增加了丰富的细节，还保持了线条绘制的流畅感。此技法要求创作者在补充衔接位置时采取微观视角进行细致审视和深思，以确保整个作品既展现出宏观的流畅性，又不失丰富的细节，从而赋予画面充满活力的表现力。每位创作者根据自己的绘画风格和习惯，将个人理解融入这种技法中，并通过持续的实践和尝试来不断提升自己的技艺。这种灵活的应用和创新不仅是提高技术水平的关键，也是发展个人独特艺术风格的基石（见图1.3.12）。

5. 液化塑线法

PS中的液化工具是一款强大的图像编辑工具。创作者能够直接在图像上进行"拉"或"推"的操作来调整图像形状，并可以实时观察到更改的效果。液化工具提供了各种笔刷和大小选择，从而满足各种不同的编辑需求。其精确性使创作者能够微调图像的特定部分而不干扰其他区域。

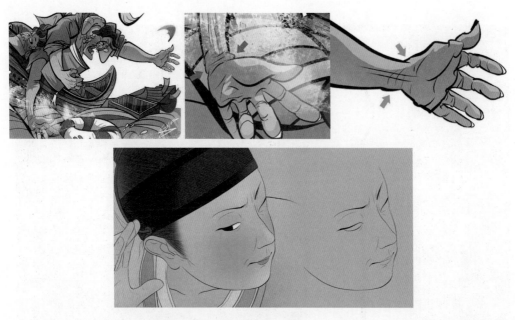

图1.3.12 主线衔接法的多元风格表现

　　液化塑线法利用液化工具对线稿进行更为细腻和灵活的调整，可作为CSP线稿绘制的补充，形成一套独特的线稿创作流程。液化操作是有针对性的造型调整，可利用合适的选区工具来选择准备进行液化修改的线条区域。为了保证操作的灵活性，建议在选区和预调整线稿区域之间保留一定的距离，确保选区范围稍微大一些，以预留充足的操作空间，这对于实现精确和满意的液化效果至关重要。

　　在PS中执行"滤镜"→"液化"菜单命令，即可打开液化工具界面（见图1.3.13）。对于线稿造型的调整，一般使用左侧工具栏中的"向前变形"工具，根据画面需求调整"画笔大小"或按快捷键"["　"]"，在线条相应部分进行涂抹式液化处理。在涂抹过程中切忌变形过度，这样会影响原有线稿的像素组织，导致画面效果不清晰。

　　灵活应用液化塑形法能使画面线条变得更加生动且富有表现力。以叶子的造型为例，通过对其基础形态进行液化操作，可以实现更加细腻多变的造型效果，大幅度提高绘制效率。在图1.3.14中，叶子造型从1到3，每个阶段都采用液化塑形法进行不同程度的调整，展示出这种技法在调整造型时的独特效果。第1片叶子的造型边缘增添了轻微的曲线，使其显得更加柔和；第2片叶子的锯齿状边缘增加了复杂性和细节感；而第3片叶子的造型则更加抽象和飘逸，带来了一种优雅且充满动感的视觉效果。通过这些示例，可以看到液化塑形法在塑造不同风格和特点的线条造型上的巨大潜力。

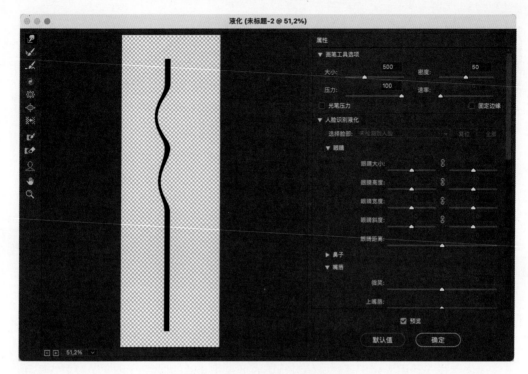

图1.3.13 "液化"滤镜面板

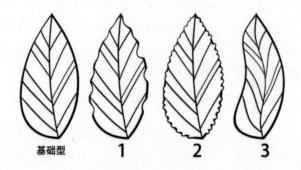

图1.3.14 液化塑形法的不同造型表现

为了更加生动地表现角色的精神状态，如蛮横或强烈的情绪，液化塑形法可以被用来对角色的眉骨线条进行曲线化处理，从而显著增强线条的表现力（见图1.3.15）。在操作液化工具的过程中，所产生的"时间凝固"效果为绘图者提供了充裕的时间来深入观察和仔细揣摩细节。这种操作方式与传统的绘制方法有所不同，它更像是一种对已有内容的深度思考和创意延伸。它允许创作者在细节上有更大的发挥空间，这不仅体现了对作品精益求精的态度，而且还为创作过程带来了丰富的体验。尤其在作品的最后阶段，液化调整环节的引入变得尤为重要。这不仅能够优化和完善作品的整体效果，还确保作品的艺术效果在细节上达到预期。在许多情况下，液化工具发

图1.3.15　角色五官线稿的液化调整

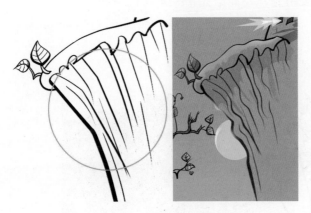

图1.3.16　局部液化处理

挥了不可替代的积极作用。

在图1.3.16中，通过对山体基础线稿的液化塑形，山体的纹理线条变得更加起伏和流畅，这不仅增加了山体的立体感，也赋予其更强的动态感。值得注意的是，尽管山体的纹理经过了液化处理，但山体上方植被的形态却保持原样，这表明在操作过程中对该部分进行了细致的保护。在进行液化塑形操作时，创作者应特别注意笔触的直径、落笔位置以及涂抹方向之间的关系。这种关注细节的做法是至关重要的，它决定了液化效果的准确度和细腻程度。正确处理这些元素不仅可以精确控制液化的范围和强度，还可以确保周围未被选中的区域保持不变，从而在不损害整体构图的同时精细调整特定部分。

随着实践经验的不断积累，要形成基础线稿与液化塑型结合的整体绘制意识。通常，熟练的创作者在线稿绘制阶段会根据后续计划的液化操作进行有意识的预留。既考虑了初步线稿的构成，又预见了最终的液化塑型效果。以图1.3.17中的人物为例，为了更好地表达人物复杂的心

图1.3.17　线稿对液化操作的"预留"绘制

情，如忐忑或紧张，创作者在绘制衣袖的线稿时故意加粗线条，为后期液化操作提供了更多的操作空间和可能性。这种策略体现了创作者对整个创作过程的深度理解和掌控，同时也展示了其对数字绘画工具灵活性和创造性的运用。通过这种综合考虑初稿和细节调整的方法，可以显著提升作品的表现力和情感深度。

液化工具在线条造型方面具有独特优势，可以极大地增强作品的动感和立体感，达到"四两拨千斤"的效果。创作者需要具备全面的绘画意识，才能确保软件的各项数字技术既发挥各自的优势又协同工作，创造出更加出色的艺术作品。适当地使用液化工具不仅可以增强作品的视觉吸引力，还能给人带来更强的情感共鸣。然而，创作者在使用这一工具时也应避免过度操作，防止破坏作品的原有结构和平衡（见图1.3.18）。

图1.3.18　有的放矢的前期线稿与后期液化

6. 多批次绘线法

数字绘画中的线稿绘制不仅是绘制技巧的展示，也是创作者对软件功能深度理解和应用的体现。与传统绘画相比，数字绘画更加强调工具与创作过程的和谐统一，这既能使创作过程更加流畅，又会使最终作品具有更强烈的现代感和更专业的水平。数字绘画与传统绘画在绘制线稿上存在本质上的不同。在传统绘画中，创作者在绘制线稿时必须同时考虑前景和背景的层叠关系，以在有限的画面空间中创造出完整的构图。相反，在数字绘画中，得益于软件提供的强大图层功能和非线性绘制特性，创作者可以更加灵活地构建和调整作品，从而提高作品的细致程度和创作效率。以一幅儿童主题插画为例（见图1.3.19），它的创作过程经历了三个阶段的线稿绘制。如图1.3.19（a）所示的第一阶段线稿看似简单，实则包含了众多细节，涵盖了65个图层的绘制。而最终的完成稿，如图1.3.19（b）所示，展示了一个精细且有深度的作品。对于初学者来说，理解如何从最初的线稿组织方式转换为一个精致的完成作品可能是一个挑战。多批次"元件"绘线法将继续提升读者数字绘画线稿绘制技能。通过将线稿绘制为不同的"元件"并利用图层功能进行有效的管理和调整，创作者可以更加精确地控制每个细节，同时保持整个作品的协调和平衡。这种技术方法不仅提高了绘制的效率，还提供了更大的创造空间。

（a）第一阶段线稿   （b）完成稿

图1.3.19 多批次"元件"绘线过程及成品展示

创作者在数字绘画中的线稿绘制应当具备"元件"意识。这种意识类似于将单元线条视为零件，每个零件都具有独特的形状和功能，并且能够与其他零件组接。在数字绘画中，这些线条"元件"的有效应用得益于软件提供的灵活图层功能，使创作者可以在画面中对绘制好的线稿元件进行深入加工和调整。图层的合理运用是数字绘画中线稿绘制的关键。

为了确保后期填色的简便性和高效性，每个需要上色的部分都应该在线稿阶段有意识地绘制为闭合线形。这样做的好处是简化了上色过程，提高了整个创作的效率。此外，为了进一步提高创作效率，需要闭合的线条交界处通常被巧妙地设计在被前景遮挡的位置。这不仅优化了线条闭合的过程，还使整个画面的构图更为整洁。这种方法体现了数字绘画中图层功能的高度灵活性和实用性。

（1）利用遮挡关系优化线条的流畅性。

如图1.3.20所示，绿色线条图层实际上代表了角色身后的造型线条，中间的圆窗线条是一个闭合曲线，而闭合的衔接点恰好被安排在角色身后。这样的布局在最终的图层顺序中被前景遮挡，恰好体现了上述观点。此外，利用前景遮挡关系，圆窗线条的起点和终点也都被巧妙地安排在被遮挡区域内。这不仅便于执行"甩线对位"绘制方法，还保证了线条的流畅性。这种绘制策略充分展示了数字绘画技术中图层功能的有效应用，并指出了前景和背景元素之间关系的重要性。

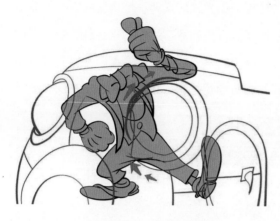

图1.3.20　线稿间的遮挡关系示例

这个范例非常具有典型性，在CSP中利用快捷键创建图层非常便捷，这在实际的绘制过程中极大地提高了效率。创作者在绘制时应对线稿元件的层次关系有清晰的认识和规划，这对于实现复杂构图和高效工作流程至关重要。通过这种方法，创作者可以在保持线条精确性和画面整体协调性的同时，创造出更加精细和生动的作品。

（2）线条的层次感和元件意识。

图1.3.21展示的是第二批次的线稿绘制，这是对画面效果的进一步完善和补充。在实际操作中，创作者常常会在使用PS上色的过程中，将阶段性的绘制画面另存为JPG格式的图片，然后在CSP中将其继续作为新的基础参考，在此基础上添加图层，进行新一轮的线稿绘制。

第二批次的线稿绘制通常涉及添加多个图层，如本例中增加了13个图层的线稿造型。在图1.3.21中，可以通过左右对照来观察线条在实际效果中的对位和内容展现。在线稿绘制过程中，提升线稿的元件意识至关重要，而图层的建构实际上已经强化了绘制线稿的单元化。这种方法有助于后期在PS中的单体上色绘制，确保每个元素都能以最佳方式融入整体构图。

这种分批次、多图层的绘制方法不仅提高了工作的效率和精确度，还使创作者能够更灵活地应对复杂的创作需求。通过这种分步骤处理，可以逐步构建起作品的细

图1.3.21　多层次线稿元件

节，同时保持对整体效果的控制，这是数字绘画的线面结合绘制中非常有效的策略。

（3）线与面交互应用意识。

图1.3.22中展示了第三批次的线稿绘制，这是对画面的进一步完善和补充。在此阶段，强化线与面的交互应用意识至关重要。不是所有的造型都需要用双线来勾勒，尤其是在处理场景中的较小物体，如小猴子的尾巴、木质围栏、飘动的树叶等时，完全可以利用数位笔的压感直接绘制出这些较小物体的剪影效果。如果用"双线"勾勒方式来绘制画面中尾巴的边缘，可能还不够流畅。在实际绘制中，应该巧妙地将线与面的画面表达结合起来，实现更加高效的视觉效果。这种方法不仅提高了绘制的效率，还丰富了作品的表现力。通过线与面的交互应用，灵活地处理不同的绘画元素，创造出生动和具有层次感的画面。这是线面结合绘制技法的重要策略，不仅体现了创作者对工具的熟练掌握，还展示了对创作过程深度思考的结果。

在多批次"元件"绘线法中，我们可以感受到数字绘画软件已经逐渐摆脱了以往"各自为政"的局限，相互的兼容性得到了显著提升。这种变化对于创作者而言，意味着更大的灵活性和创作空间。为了深度挖掘这些软件的潜力，创作者应当逐步培养应用"大软件"的概念。这意味着将不同的绘制软件视为一个整体的创作工具，而不是孤立的单个应用。通过这种方式，创作者可以让每个软件根据其独特的功能和优势发挥作用，并在创作过程中实现软件间的协同工作。这种多软件协同应用的策略，不仅提升了绘制效率，还增加了创作的灵活性和多样性。

图1.3.22　线稿元件中的线与面

7. 续线绘制技法

在数字绘画中可以模拟传统铅笔手绘的风格，在图1.3.23中展示了《十万个为什么》系列插画的线条手稿，这种技法重视线条的细腻和精致，与追求华丽和流畅的插画风格形成对比。它主要通过短线的方式描摹画面形象，不依赖于一气呵成的笔触或较长的华丽线条。续线绘制技法的精准和考究与其他绘画技法中的连续、流畅线条形成了鲜明的对比，赋予作品一种独特的艺术风格。朴素线条的风格并不会削弱作品的艺术价值，反而为插画增添了真实和质朴的魅力，使观众更易与作品建立情感连接，不仅显示了创作者对细节的深刻关注，也反映了他们对整体风格的精心把控。在数字绘画的领域里，选择和应用适当的线条风格显得尤为重要，因为线条是构建视觉叙事和艺术表现的基本元素。创作者能够在数字平台上创造出既传统又现代的作品，这种技法的运用突破了传统绘画和数字绘画之间的界限，拓展了艺术表达的新领域。

续线绘制技法（以下简称"续线法"）是数字绘画领域中广受欢迎的技巧。其独特之处在于它能够复刻出传统铅笔绘制的手感，使得数字作品与传统铅笔作品在视觉和触感上非常相似。续线法创造的线条不仅质感丰富，而且节奏明显，仿佛是铅笔在纸上自然流淌的痕迹，给人们带来温馨的熟悉感。具体来说，续线法就是使用一系列短而连续的线条来描摹出一个连贯的画面线条，这种方式在视觉上形成了完整的形态，又保留了线条断续的特性。这样的绘制风格不仅增强了作品的艺术感，还给予观者更大的想象空间。

图1.3.23　数字绘画模拟手绘线稿

续线法在各种绘画软件中的实施效果各不相同。这主要归因于每款软件的独特算法和笔刷系统设计，这些核心技术因素决定了续线法绘制时的表现和感觉。特别是在Procreate或CSP这些专为数位板和触控屏设备设计的绘制软件中，用户界面的直观性和笔刷系统的反应灵敏度使得续线法的实施不仅充满了动感，还极具流畅性。创作者的每一次笔触，包括施加的压力、笔尖的倾斜角度及绘制的方向，都精确地影响着线条的最终表现，为创作带来了无与伦比的活力和个性。

当在CSP中应用续线法时，绘制过程类似于传统绘画中的"描线"手法。这种技巧依赖于一系列小而连续的"碎笔"笔触，这些笔触不仅在长度和粗细上相互补充，还能根据绘制对象的造型特点灵活调整行笔的速度，时而迅速，时而缓慢。这种细腻的处理方式使得每一笔都充满意图和情感，赋予作品独特的视觉效果和艺术气质（见图1.3.24）。

图1.3.24　时快时慢的"续线"法线条

运用续线法绘制时的心态通常更为自然和平和，落笔时的压感较轻，形成一种"断断续续"的勾线状态。这种随意性不仅增加了作品的艺术性，而且提供了一定的容错空间，允许偶尔出现一些不经意的"线头"。这样的线条不仅留下了创作者思考的痕迹，还显著提升了整体的绘制效率。CSP特有的线稿风格也促使创作者在"工具组"面板中选择关闭"防抖"和"后补正"等功能。这种做法进一步强调了线条的自然流畅感，让创作者能够更加直接地与作品互动。续线法这种绘制方式自然、简洁，在许多平面绘制软件中都适用，体现了"以无法胜有法"的哲学，在数字绘画中展现出独特魅力（见图1.3.25）。

图1.3.25　富有手绘气息的线稿风格

　　在绘制实践中，可尝试在不同的绘画软件中使用续线法创作。以《龙九子》系列插画的绘制为例（见图1.3.26），其线稿部分主要在Procreate中完成。Procreate是专为iPad设计的数字绘画应用程序，其优势在于与Apple Pencil的无缝集成，赋予线条绘制一种极为接近实际铅笔的手感。这款软件的高度优化确保了在iPad这样的移动设备上也能实现快速、流畅且几乎无延迟的绘制体验。在Procreate中，创作者可以享受到原始手绘的模拟感受，使用基础的续线绘制方法，可以在最直接和本质的层面上与作品进行交流。通过跨平台的尝试性绘画，可以探索并丰富自身的数字绘画感受。不同的软件应用的体验更加强调了数字绘画作为一种艺术形式的无限潜能。

　　在PS中这种独特的技法使作品展现出一种别致的艺术风格，让人联想到手工铅笔草图的质朴与真实。由于这种相似性，许多刚刚踏入数字绘画领域的初学者非常推崇续线法。这种技法能够让他们在数字平台上保持熟悉的手感，更轻松地从传统绘画过渡到数字绘画，降低了学习的难度。对于想要探索数字绘画的新手而言，续线法无疑是一个好的起点和有力的助手。数字绘画的非线性编辑特性为创作者提供了极大的便利，图层功能的使用尤为关键。续线法的绘制需要分两步进行：先着重绘制造型的主体部分，然后以主体线条为参考，连接或补充细节部分，从而使造型更加细致和丰满（见图1.3.27）。

图1.3.26　Procreate续线绘制法示例

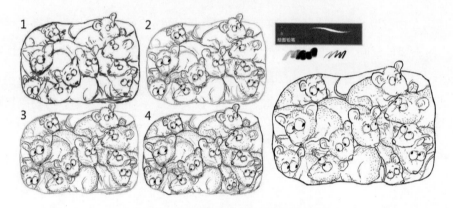

图1.3.27　续线法绘制步骤示例

　　在数字绘画中，采用续线法进行线稿绘制是至关重要的，尤其在前期的草图阶段。草图阶段为创作者奠定了整体的造型基础，为后续的细化和完善提供了关键的参考信息。因此，在这一阶段必须提供充足且明确的造型参考，使后续的虚线绘制工作有章可循。这不仅涉及对整体造型的勾勒，还包括对作品中的各部分之间关系的初步定义，确保绘制的每一步都建立在清晰和有力的视觉基础之上。

　　对边缘线条进行相对加粗处理，以形成与物体内部造型线条之间的粗细对比。为了提高工作效率并方便后续的编辑和调整，建议将不同部分的线条分布在不同的图层中。例如，可以将边缘线条单独放置在一个图层，主体造型线条放置在另一个图层，而局部纹理或细节线条则放置在第三个图层。这种层次化的管理方式使绘制过程更有条理，同时为未来可能的修改和调整提供了便利。在图1.3.28的系列绘制中，边缘线稿可以设置为5像素的画笔笔刷直径，主体线稿为4像素，纹理线稿为3像素。这样的画笔大小设置不仅确保了各部分之间的视觉区分，还维持了整个作品的视觉统一和协调。

图1.3.28 线条分层示例

相比人物造型，植物造型在绘制上不需要过于严格的精准度，这为初学者提供了更多的自由发挥空间，在练习中不受过多造型上的束缚。推荐将植物元素进行模块化单元绘制，并将其放置在独立的图层中，在后续的插画创作中，这些独立的植物线稿可以被直接引用，作为画面组织的有效工具，极大提高了创作的效率。植物以其种类繁多、形态各异的特点，为创作者提供了丰富多彩的素材库（见图1.3.29）。

图1.3.29 续线法绘制植物

8. 线条绘制的逆向思维

绘画初学者常常把重心放在写实上。在这一表现风格中，对线条的处理尤为关键，它需要创作者仔细、精确，确保每一笔的落点都恰到好处，目的是更好地捕捉和再现真实世界的细节。但绘画不仅是模仿和再现，它的核心是表达。

随着绘画实践的深入，创作者逐渐认识到线条可能有多种可能性。在合作项目中，创作者与合作伙伴沟通，发现他们的需求也在变化，不再满足于写实的表达。这推动创作者对线条有了新的认知，它不只是形状和结构的工具，更是情感和观点的传递者。这种认知促使创作者开阔视野，开始探索各种不同的线条风格。此外，随着对多种艺术表现风格的了解，创作者开始更加自由地使用线条，无论是粗犷还是细腻，都可以作为创作者的表现手段。这种自由和开放性使得数字绘画在当代艺术教育中占据了重要的位置。如今，许多创作者在创作中都善于利用线条的多样性来丰富自己的作品，展现独特的视角。

在PS中使用默认的"硬边圆"笔刷，并将平滑参数设置为60%，可以在绘制过程中实现更加流畅和稳定的线条效果。调高平滑度可以显著减轻手部颤抖带来的影响，抑制不规则线条的产生，也可能导致绘制时出现轻微延迟，因为软件需要额外时间来计算和熏染出更加平滑的线条路径，它可以在创作过程中带来不同的绘制体验，使线条看起来更加质朴而亲和，为作品注入别具一格的风味（见图1.3.30）。

图1.3.30 PS"硬边圆"笔刷线稿绘制

在具有多元风格的线条表现中，创作者需要将线条的情感表达与画面主题紧密结合。要深入挖掘线条的情感潜力，确保线条的外在形态与内在情感相契合，使作品的情感表达更为充分和真挚。虽然CSP以其绘制中的防抖动功能而受到青睐，但有时特意降低画笔的防抖设置也能创造出独具特色的效果。例如图1.3.31(a)中描述的失落机器人，其线条绘制风格刻意避免表现的过分流畅，而是通过降低绘制速度来传递一种"拙朴"的美感。这种风格强化了机器人失落的情感氛围。图1.3.31(b)中描绘的是一个秀才对于颠覆常识场景的惊异发现。此处的线条模仿了版画中的刻刀技法，使线条显得更加坚定有力。这种绘制手法不仅在视觉上增加了力量感，也在情感上加强了角色的反应强度。

（a）表现失落　　　　　　　　（b）表现惊异

图1.3.31　CSP中多元风格的线条

9. 手绘线稿的矢量化提取

在现代数字艺术创作中，手绘的扫描线稿不再局限于纸上素描，而是可以通过数字技术得到进一步的提炼和完善。这一变化为创作者提供了更多的创作可能性和灵活性。特别是在图形设计与插画创作领域，Adobe Illustrator（以下简称AI）作为一款

图1.3.32　手绘线稿矢量化应用

专业的矢量图形编辑软件，因其强大的功能和灵活的应用而受到设计师的广泛青睐。该软件的手绘线稿矢量化功能尤其值得关注，它帮助创作者将传统手绘作品转换为矢量图形，从而在保持原始线条风格和美感的基础上实现无损放大和编辑。这种将传统绘画技术与数字技术结合的方法，不仅保留了手绘艺术的原始魅力，还拓展了创作的边界，使创作者能够在数字平台上进一步细化和完善作品，同时也为艺术创作带来了新的活力和可能性（见图1.3.32）。

传统的手绘线稿受限于纸张质量、笔迹特性及扫描过程中的质量损失，往往难以实现高清晰度的复制或放大，而通过AI等矢量绘图软件处理后的线稿则能够克服这些限制。矢量化的线稿不仅保持了原始手绘的独特风格和质感，还提供了更加流畅和概括的视觉效果。这种处理方式使得线条无论放大到何种程度，都能保持清晰和精确，从而极大地提高了艺术作品的适用性。完成矢量化后，创作者可以将这些线稿导入如PS等位图编辑软件中，进行更深入的后期处理和上色。这种方法允许创作者在不同软件之间自由切换，充分利用各自的强项，从而实现更加丰富和多元的艺术创作。在深入探讨如何利用AI将传统手绘线稿转换为具有高度适应性和实用性的矢量线稿之前，让我们先从最初的准备工作开始。

（1）初始化。首先，在AI新建一个画布。大小和参数可以根据个人需要或项目规格进行调整。

（2）导入手绘稿。在"文件"菜单中选择"导入"，选择手绘稿的扫描文件。成功导入后，手绘稿将显示在新建的画布上。

（3）选择图像。选中手绘稿，确保它处于当前被选择状态。此时，菜单栏下方的属性栏会变得活跃，并显示出与所选图像相关的操作选项。

（4）图像描摹。在属性栏中有"图像描摹"的相关功能按钮。在"预设"中默认设置了诸多图像描摹功能。在本例中，这一步骤的核心是对手绘线稿进行"黑白归纳"，将原始的手绘线条进行简化和清晰化，从而为后续编辑奠定基础（见图1.3.33）。

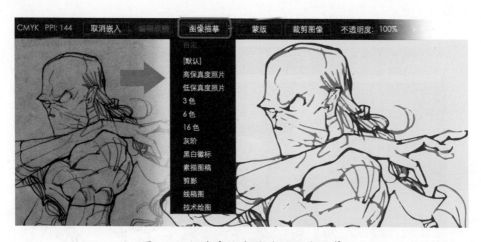

图1.3.33 对手绘线稿进行图像描摹

（5）微调与优化。为了确保矢量化的线稿细节尽可能接近原稿，充分突显其特点，使用AI的图像描摹功能后，进一步的微调是必不可少的。单击工具栏上方的属性栏中标有"图像描摹"的按钮，或者选择菜单栏的"窗口"，从下拉菜单中找到并单击"图像描摹"调取面板。通过左右滑动"阈值"滑杆，可以实时观察手绘稿的变化。阈值决定了图像描摹的敏感度，适当地提高阈值可以强化画面的线条细节，使其更加鲜明（见图1.3.34）。

图1.3.34　图像描摹"阈值"参数变化效果

对当前图片线条效果基本满意后，可单击界面上方属性栏中的"扩展"按钮，该功能主要用于将线条或形状轮廓转换为实际的可编辑路径。此时，在图片上右击，在弹出的面板中选择"取消编组"，该功能允许创作者对一组对象进行更细致的操作。通过此功能，可以"解锁"已经组合起来的独立对象，使其独立于其他对象。可以观察到图像中的白色区域已被移动，展现出了与周围黑色线条形成的明显对比。这意味着该图像实际上是由众多的黑色线条和白色区块单独构成的，每个部分都有其特定的属性和位置（见图1.3.35）。

图1.3.35　取消编组示例

首先，使用AI中的选择工具 精准定位图像中的一块白色区域。执行"选择"→"相同"→"填充颜色"命令，这将自动选择图像中所有与此前选中的白色相匹配的区域。通过这种方式，画面中所有白色元素可以被一次性选中，从而显著提高操作效率。选中所有白色元素后，可按Delete键进行删除。接着使用选择工具 选中所有黑色线稿，按快捷键Ctrl+C复制。然后，在PS中进行粘贴。在粘贴过程中选择"智能对象"选项，确保线稿即使在后续编辑过程中调整大小也能保持其原始的像素信息不受损失。这种方法为创作者提供了更大的灵活性，确保在缩放或变形操作时，仍能获得最佳的图像质量（见图1.3.36、图1.3.37）。

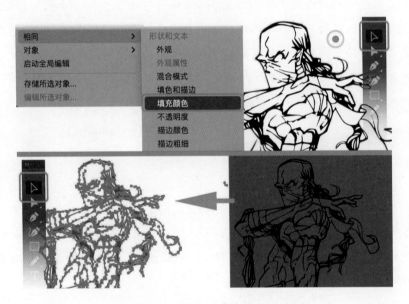

图1.3.36 执行"填充颜色"命令

图1.3.37 选择"智能对象"选项

小结

　　本章围绕线条绘制的核心内容，对线面结合绘画表现进行总体介绍，重点讲解了在CSP中线条绘制的具体技巧。通过结合创作实践，详细介绍了一系列非常实用的线条绘制技巧，包括短线原则、甩线对位法、叠层修正法、主线衔接法、液化塑线法、多批次绘线法、续线绘制技法，以及线条绘制的逆向思维和手绘线稿的矢量化提取。这些内容丰富而紧密相连，涵盖的综合方法都具有强烈的实用性，希望能为读者提供一套系统化的综合应用方法。在学习这些技巧的过程中，读者应该结合自身的绘画经验，不断地实践和总结。通过活学活用这些方法，能够在自己的作品中实现技术和创意的升华，从而在数字绘画领域取得显著进步。这种方法论的核心在于鼓励读者不仅是学习技巧，而是将这些技巧融入自己的艺术实践中，创造出真正体现自己风格的作品。

作业

　　创作一幅以中国传统节庆文化为主题的插画线描作品，如以灯笼、舞龙、剪纸等为主题，突出喜气祥和的幸福生活图景。综合应用本章介绍的多种线条绘制技巧来完成高质量的线稿绘制。要求A3画幅（分辨率为300dpi），绘制应用软件不限。

第 2 章

迅速平涂技法

早期的动漫绘制是一个耗时费力的过程，需要动画师手绘每一帧，然后进行上色。即使有了赛璐珞a胶片这样的创新，手工绘制和上色的过程仍然是一个巨大的挑战（见图2.0.1）。

图2.0.1　赛璐珞胶片的"图层"概念

"平涂上色"（flat coloring）也是二维动漫和插画中常用的上色技术。它指对图画中的各个部分进行均匀和单一的颜色填充，不涉及渐变、阴影或高光。这种上色方法简单有效，可以强调图画的主要形状和结构。由于技术和成本的限制，早期的动漫绘制中常用平涂上色，因为它相对简单且易于重复。而在现代数字绘图软件中，这种方法也因为快速和简便而受到欢迎。尽管这种上色方法在视觉上相对简单，但它为作品提供了明确和干净的视觉效果，使主要的内容和信息可以轻松传达给观众。因此，无论是在早期动漫还是现代数字艺术中，平涂上色都是一个重要和常用的技巧（见图2.0.2）。

图2.0.2 传统二维动画平涂上色效果

数字插画中经常使用多个图层来完成作品。每个图层都可以独立编辑，这样创作者可以在不影响其他部分的情况下修改或调整某一部分。这种方法增加了绘图的灵活性，允许创作者更加细致地工作。数字化绘制不仅深化了图层的应用概念，还实现了操作的非线性编辑，尤其在重复性较高的流程化操作中实现了自动执行的批处理功能。在线面结合的数位绘画风格绘制系列流程中，"平涂上色"环节起到了承上启下的作用。

"快速平涂"技法充分利用PS命令批处理的自动执行功能，将工作序列进行了模块化管理。PS的批处理允许用户自动执行一系列命令。例如，创作者可以"录制"一个动作，该动作包含一系列的命令（如选择、填充颜色等），并可以在多个图层或文件上重复执行；与传统的制造流程类似，每个步骤或模块都像一个工作站，每个工作站专注于一个特定的任务。这样，创作者可以更快速、系统地完成作品。将色块平涂操作进行"流水作业"大大提高了工作效率。本章将对"快速平涂"技法及绘画实战中颜色调节等方面的经验技巧进行详解（见图2.0.3）。

图2.0.3 软件批处理操作实现"快速平涂"绘制

2.1 自动执行功能

在PS中，动作面板是一个高效的应用工具，它能录制并保存一系列的修改和编辑操作，创作者可以一键将这整套操作运用于图片绘制的特定阶段。这不仅节省重复手动操作的时间，还确保了操作的一致性，避免每次都重新设置参数的麻烦。这种自动执行功能从基本的操作录制开始，到创建复杂的编辑动作，再到大规模的批处理，为用户提供了一个完整且高效的工具链，帮助绘画者高效地完成任务，提升工作效率。

PS的动作面板是一个非常实用的工具集，允许创作者录制、编辑、播放和批量处理常规的任务。执行"窗口"→"动作"菜单命令可调取动作面板，其界面布局与图层面板相似，面板底部为动作常规编辑命令按钮（见图2.1.1），功能键说明如表2.1.1所示。

创建动作：单击底部的创建动作图标 ⊡，弹出"新建动作"对话框，可开始录制新的动作。在"新建动作"面板中，**组**：新动作可被归纳保存在当前动作面板中现有的动作组中，方便对众多动作命令的管理；**功能键**：允许为该高

图2.1.1 动作面板

表2.1.1　功能键说明

名　称	说　明
①停止录制按钮	停止录制当前的动作
②录制按钮	允许用户选中或取消选中某个特定的动作或组
③动作播放按钮	选择某个动作后，单击此按钮可以执行该动作
④创建动作组	创建一个新的动作组来整理和分类动作
⑤创建动作	允许用户录制一系列PS操作以创建一个新的动作
⑥删除动作	删除选中的动作或动作集
⑦切换项目开关	更改动作或动作组在列表中的位置或开启/关闭特定动作
⑧动作组	一个动作文件夹，包含一组相关的PS动作
⑨动作单元	一组相对独立的动作序列
⑩拓展菜单	提供一系列管理和编辑动作的拓展选项，如重命名、删除、新建动作等。选择动作组或动作单元，拓展菜单内容会有相关调整。选择任意动作组，拓展菜单中的存储动作与载入动作可配合使用，方便分享与实用

频使用的动作指定一个功能键，并且还可以选择是否同时按下Shift或Command（或Ctrl，取决于操作系统）来创建一个组合键，这是非常实用的操作；**颜色：**允许为动作分配一个颜色，这样在动作面板中该动作会显示为该颜色，便于识别和分类（见图2.1.2）。

图2.1.2　"新建动作"对话框

1.创建与应用动作

当前场景的新建图层中有一个矩形色块。单击动作面板中的"新建动作"按钮，在弹出的"新建动作"对话框中输入动作名称，然后单击"记录"按钮，此时动作面板中会出现刚刚创建的动作，面板下方的"录制"按钮 ⬤ 为激活状态，后续的每一步操作将被记录在动作序列中（见图2.1.3）。

复制矩形色块层，使用移动工具配合Shift键将复制图层进行水平位移，执行"图

像"→"调整"→"色相／饱和度"菜单命令进行色相调整。色相调整后单击动作面板
"停止录制"按钮■，这便完成了一次内容紧凑的动作命令的录制过程。在动作面板
中可以看到刚才的系列操作被一一记录，色相调整为+25，明度为-25（见
图2.1.4）。

图2.1.3　当前画面示例

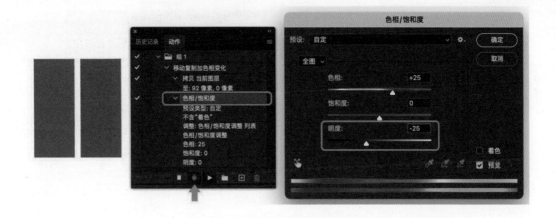

图2.1.4　调整色相/饱和度参数

依次单击动作面板的"动作播放"按钮▶，此时PS将对每个当前图层执行该动作
单元的序列操作，可以看到，每个当前矩形色块按照同样的距离进行复制移动，并在
每个当前色彩基础上执行调整"色相／饱和度"参数的命令。通过设置相同的动作和
执行相同的命令，在画面中高效率地形成层次鲜明的系列操作（见图2.1.5）。

2. 调整动作节点

动作创建结束后，根据画面表现要求，可对动作序列中的相关动作节点进行继续

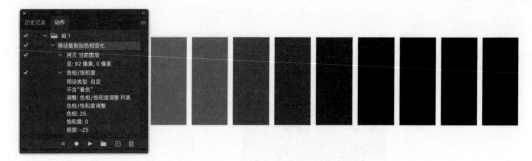

图2.1.5 重复播放动作后的结果

调节。例如在图2.1.6中，双击动作序列中的"色相／饱和度"命令，在弹出的"色相/饱和度"对话框中还保留着创建动作时的相关参数，可根据要求在此基础上进一步调整。如适当调整色相变化，降低了饱和度数值，并提升明度数值。弹出"色相／饱和度"对话框后，动作面板又显示为录制状态 ● （见图2.1.6）。

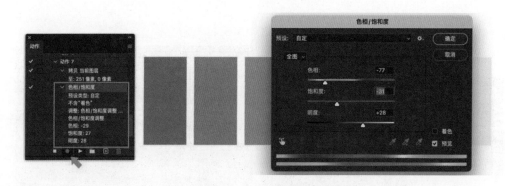

图2.1.6 调节已有动作参数

动作节点调整后，再次对初始状态的色块执行调整后的动作序列，会发现图片从左到右颜色逐渐变浅，呈现出一个淡化的趋势。在色相方面，色彩由暖色调逐渐转为接近中性的灰色调。颜色的纯度也逐步变得更为柔和、淡化（见图2.1.7）。

图2.1.7 动作节点调整后的执行结果

2.2 快速平涂技法实例

在线面结合系列绘制中，快速平涂技法起到了承上启下的作用。它有一定的重复性操作特性，使创作者能够有效地利用"自动执行"的批处理功能，并在动作面板中定制一系列专业动作。快速平涂与线稿相结合，能产生独特的平面化数字绘画风格。快速平涂过程中也涵盖了多种综合实用的技巧，本节将结合创作实例逐一介绍，逐步深化读者对数字绘画的认知，帮助大家融会贯通、灵活应用。

1. 底色铺垫法

底色铺垫法是一种先行为绘图或设计提供一个统一背景色或中性色的方法，作为快速平涂或细节上色的铺垫，确保整体色彩和谐连贯。在开始具体的色彩添加之前，通过选择一个中性且纯度较低的色彩覆盖整个画面。这种方法特别考虑到在快速平涂的过程中小色块可能被忽略或疏漏。有了这个底色，未上色的部分不会显得太突兀，从而保持了画面的相对完整性。底色铺垫法有助于快速建立画面的整体色彩感觉，使创作者能够更直观地感受到后续色彩的效果（见图2.2.1）。

图2.2.1　底色铺垫效果

在线稿图层，使用魔术棒工具 ✨ 对绘画主体选区进行选择。此时看，在线条绘制阶段，整体的闭合线条是很有必要的，否则在选取绘画主体选区之前，还要进行线条的闭合修补绘制。一般在主体造型外部进行魔术棒选区提取，而后对选区进行反选（见图2.2.2）。

选区与线条边缘会出现一定的像素选取遗漏，可结合实际效果对当前选区进行一

图2.2.2　画面主体闭合线稿

定的缩边处理。可执行"选择"→"修改"→"收缩"菜单命令，将选区位于线稿之上，这样可确保后续的填充色彩与线稿充分结合（见图2.2.3）。最终填充色彩的图层要放置在线稿图层的下方，这样可保持线条原有的造型样貌。

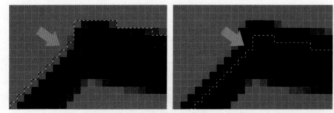

图2.2.3　选区细节处理

　　在黑白灰的画面色彩梯度中，先形成较为明显的灰色调。以灰色作为整体基调有利于对后续色彩的比较和鉴别。例如在图2.2.4中，一部分画面色彩本身的固有色就是白色，如果此时的背景色彩未做前期处理，白色背景将与白色画面相混淆，会影响观察与判断。

　　在快速平涂的过程中，难免会遗漏较为细小的色块选区，此时主体的基础色衬托于图层底部，可以有效保持画面的相对完整性。例如在图2.2.5中，右侧图2.2.5(a)中白色位置都是尚未进行快速平涂的区域，其中有很多非常微小的色块。如果没有主体色块的衬托，这些尚未填色的区域则呈现出白色背景，从而形成明显的色彩明度差异，增强了阶段性画面的不完整感。对照图2.2.5(b)画面，主体背景色与当前其他部分的上色区域明度差异不明显，而且本身也呈现出一定的色彩倾向，始终维系画面的整体色彩意向（见图2.2.5）。在实战中，对过于细小的画面不必逐个进行色彩平涂，会耗费较大的绘制精力和时间，巧妙利用主体背景色，可以有效提高上色效率。

图2.2.4 应用底色铺垫效果对比

（a）无底色铺垫　　　（b）有底色铺垫

图2.2.5 底色铺垫对细节画面的影响

2. 快速平涂动作设置

在快速平涂之前设置标准的动作序列是提高后续操作效率的关键。当以线稿图层为当前层时，使用魔术棒工具并配合Shift键进行角色脸部的选区拾取，这样可以精确选取特定区域，避免影响周围的线条或区域。完成选区后，将前景色调整为皮肤颜色，这是平涂过程中的重要环节，决定了脸部区域的基本色调。确保选择的颜色与插画整体色调保持协调（见图2.2.6）。

图2.2.6 快速平涂动作设置准备

单击动作面板中的"创建动作"按钮，在弹出的"新建动作"对话框中将新动作

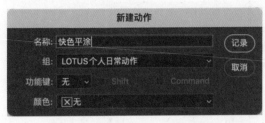

图2.2.7 "新建动作"对话框

命名为"快速平涂"。单击"记录"按钮，系统开始记录后续的相关操作，同时创建一个定制的动作序列。这一功能允许创作者自定义一系列操作步骤，在接下来的绘画过程中，通过单击操作便能自动重复这些步骤（见图2.2.7）。

创建新图层，并将其拖至线稿层下方。执行这一操作时，动作面板会自动记录这一系列步骤，确保每次的操作都被准确地捕捉并保存（见图2.2.8）。

图2.2.8 记录当前移动图层操作并保存为动作

执行"选择"→"修改"→"扩展"菜单命令，对当前选区进行1像素的扩展。这个步骤使选区范围微妙地延伸到线稿内部，从而保证后续上色操作与线稿边缘精准结合。这种微调对于实现干净、专业的上色效果至关重要，特别是在处理细致的线稿时，它可以防止出现未着色的微小空隙，确保整体作品的美观和完整性（见图2.2.9）。

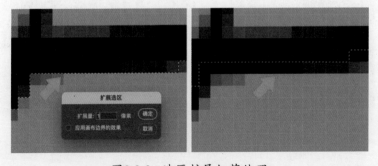

图2.2.9 选区扩展细节处理

在进行填充操作时，使用先前调整好的前景色进行填充，完成后及时去掉选区。此步骤是快速平涂过程中的关键。完成这一系列操作后，标志着快速平涂动作的创制完成。此时，应单击动作面板中的"停止录制"按钮■，保存所记录的动作序列（见图2.2.10）。至此，画面中的第一次快速平涂操作已经完成，同时也成功创建了快速平涂的动作命令。这个自定义动作命令将大幅提升后续作品中类似操作的效率和一致性。

图2.2.10　录制完成快速平涂动作

3. 观念锚色法

"观念锚色法"是一种巧妙的上色技巧，它利用了人们对特定物体或场景的固有色彩预期。这种技巧的关键在于先识别并确定那些传统的、公众所熟知的色彩，这些色彩被称为"观念色彩"，将它们作为上色过程中的起始点或"锚点"。例如，在描绘水手时，通常会选择白色的帽子和衬衫，因为这符合大众对水手形象的普遍印象。确定了这些观念色彩之后，后续的上色工作就可以围绕这些颜色进行，使色彩选择过程更有条理、更系统。这种方法不仅确保画面的色彩能够满足观众的预期和印象，而且为用户提供了一个清晰的色彩参考点。这些参考点使上色过程更加高效和有组织，有助于在保持个人创意的同时，保持整体画面的色彩协调和一致。此外，"观念锚色法"还可以作为一种创意工具，使创作者在遵循常规色彩预期的同时，也能探索更多的创新和个性化的色彩表达（见图2.2.11）。

观念锚色法结合了创意自由和视觉传统的优点，为快速平涂上色提供了一个不错的出发点。以"概念固有色"为中心，对邻近的画面色彩进行拓展填充。这一过程中，可以有效地利用批处理功能对基础色彩进行上色，然后再进行后续的细致调整。例如，首先使用魔术棒工具选取船体部分的选区，并配合Shift键进行多个区域的同时选择。接着使用吸管工具🖋从邻近画面吸取色彩。在图2.2.12中，吸取角色腿部的颜

图2.2.11 以观念色彩作为上色起点

色作为船体的临时当前色，并通过预先设置的快速平涂动作命令对船体进行上色。上色完成后，可以使用"色相/饱和度"命令对船体颜色进行进一步调节，以确保其与整体画面色彩相协调。这种方法在保持画面整体协调的同时，有效地管理和调整各个区域的色彩，特别是在处理复杂场景和众多色彩时，能显著提高工作效率并确保色彩处理的准确性。

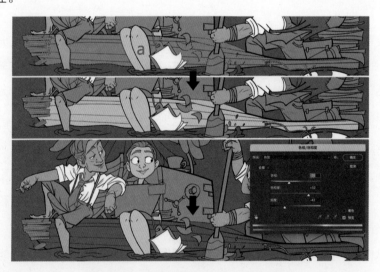

图2.2.12 色相/饱和度色彩调节示例

当复制当前色彩并进行色相调整时，如果只调节色相参数，表面上色彩看似发生了变化，但如果将所有颜色的饱和度降至0，就会发现它们的色彩完全相同。这说明仅通过调整色相不足以创造真正的色彩差异。在进行快速平涂时，色彩调节应综合考虑色相、饱和度和明度这三个维度。这种全面的调整方法更有助于确保画面色彩在黑白灰的明度关系中保持丰富性和层次感（见图2.2.13、图2.2.14）。

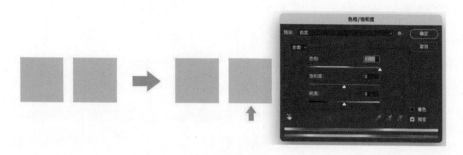

图2.2.13　色相调节效果示例

图2.2.14　饱和度为0的灰度效果比较

4. 渐进式色彩调整法

美的规律是可以捕捉和理解的，特别是在色彩搭配方面。一个画面中色彩的和谐和统一性是由不同颜色间的相互连接和相互衬托形成的，类似于音乐中的韵律，为观者带来美的享受和深刻的情感体验。在快速平涂的过程中，色彩调整通常采用逐步迭代的方法，以确保画面中的色彩既富有层次感又保持整体的一致性。例如，在图2.2.15中，首先利用角色的皮肤颜色为包裹设置基础色，再进行细微的调整。

图2.2.15　渐进式色彩拓展

从宏观到微观的色彩拓展是渐进式色彩调整法中的关键步骤。在这个过程中，可先从整体的大面积色块入手，逐步过渡到局部的小面积色块和细节。这种方法不仅能确保整体画面的色彩协调，还能保证每一个细节的色彩与整体和谐统一。通过先大面积后小面积的上色顺序，可以更好地控制色彩的过渡和层次。在图2.2.16中，使用经过调整的包裹色彩作为补丁位置的基础色，并在此基础上进行进一步的调整。通过这样的方法，每一次的色彩调整都建立在前一次的基础上，从而确保了色彩的连贯性和和谐性。这种逐步迭代的方法不仅提升了画面的色彩层次感，还强化了不同元素间的色彩关系，使其更加紧密和协调。在数字绘画中，这种细致的色彩处理是至关重要的，它能使作品在视觉上更吸引人，同时在情感上也动人心弦。通过精确和有意识的色彩调整，创作者能更好地表达自己的艺术理念，创造出真正引人入胜的作品。

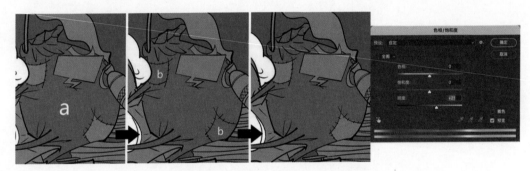

图2.2.16　从宏观到微观的色彩拓展

采用逐步迭代的色彩调整方法不仅简化了色彩选择的过程，而且对提高作品的整体质量和视觉吸引力起到了关键作用。这种方法强化了画面色彩的连贯性和和谐性，从而使整体视觉效果更加协调一致。通过基于前一色彩进行调整，创作者能够有效地避免色彩间的冲突或不自然的过渡，保证了色彩变化的自然流畅。此外，这种系统化的色彩处理方法为创作者提供了一种稳定且有效的手段来管理整个作品的色彩搭配。每一步的色彩调整在维护作品的整体风格和调性的同时，为创作者提供了实验和探索不同色彩组合的空间。

5. 大面优先法

"大面优先法"是一种实用的绘画和上色技巧，它建议在快速平涂或上色过程中优先处理画面中的大面积色块。这种方法的核心在于先从面积较大的部分开始上色，以快速建立整体的色彩氛围和基调，确保效率和一致性。对大面积色块的快速处理能够为创作者在短时间内提供一个初步的色彩印象，帮助他们更有效地规划整个画面的色彩布局。在应用这种方法时，创作者可以利用画面中的主要色彩作为起始点，如邻近的角色皮肤色，然后快速平涂面积较大的部分，如伞的主体。完成这些大面积色块的上色后，整体的色彩印象和基调就已初步形成，随后可以着手处理更为精细的局部细节，进行渐进式的色彩调整，以增强画面的深度和层次。按照"大面优先"的原则，借助邻近的角色皮肤色①，可首先对面积较大的伞部色彩进行快速平涂②，然后做渐进式色彩调整，进而继续完善伞内部结构的色彩③（见图2.2.17）。

图2.2.17　以"大面原则"为驱动的上色步骤

伞顶部具有花瓣造型的闭合线条较多，使用魔术棒工具进行选择可能效率较低。因此，一种有效的方法是利用之前创建的底色铺垫图层。使用套索工具🎣对整体花瓣部分进行选择，然后按快捷键Ctrl+C进行复制，并按组合键Shift+Ctrl+V进行原位粘贴，这样可以迅速添加一个整体的花瓣图层。复制并原位粘贴的操作在后续绘制中会频繁应用。

创建了花瓣图层后，接下来可以使用"色相/饱和度"命令对其色彩进行调节，使花瓣的色彩朝向口葵的观念色靠拢，以符合作品整体的色彩主题和观众的视觉预期。通过这种方法，创作者能够在保持绘画效率的同时确保色彩的准确性和画面的整体协调性（见图2.2.18）。

图2.2.18　基底图层的快速应用

返回到线稿图层，利用魔术棒工具🪄对向日葵的部分花瓣区域进行精确的选区选择。选区确定后，以向日葵整体的当前色彩作为基础，分批次进行快速平涂拓展，并且在此基础上进行逐步的色彩调整。这种分步骤的上色方法使每个部分都得到了细致的关注，同时也保证了整体色彩的一致性和协调性。可充分利用"色相/饱和度"命令的多元色彩调节功能。通过细微调节色相和饱和度，可以使向日葵的花瓣不仅色彩丰富，而且在视觉上呈现出统一和谐的效果。这种方法的应用使向日葵的花瓣在细节上显得更为生动和立体，同时整体上又与画面其他部分保持良好的色彩协调（见图2.2.19）。

图2.2.19　邻近色拓展

6. 基础层快选法

基础层快选法在数字插画中是一种高效的上色技术，它充分利用预先设定的整体剪影基础层，实现对局部集中内容的快速选择，极大地优化了上色流程的效率。在传统的快速平涂上色过程中直接在线稿层操作，往往会产生多个相对集中但细小的选区，这使得上色过程效率较低。使用魔术棒工具逐一添加选区时，容易遗漏部分区域，且可能错误地选择线条本身。通过在基础层上集中选择预定上色的区域，并将其复制、粘贴为一个新的色块图层，可以为后续的编辑和详细上色工作做好准备。

如图2.2.20所示，角色的头发和眉毛可能由多个闭合线条组成，从而将其分离为若干独立的单元。在这种情况下，可以利用之前创建的"底色整体剪影"层作为当前图层，使用套索工具🔾对头发和眉毛区域进行整体选择，并进行复制、原位粘贴的操作，将这部分区域创建为一个独立的色块图层。通过"色相/饱和度"命令进行调整，使其转变为理想的概念色。这种使用套索工具进行一次性选择的方法，在效率上通常优于使用魔术棒工具的持续累积加选方法。

在使用基础层快选法进行操作时，需要特别注意新创建的图层与周边图层之间的上下顺序关系。例如，当使用套索工具从基础图层选择并复制粘贴出新的图层时，实际上选取的区域可能会大于头发和眉毛的特定区域，这是因为周边区域通过快速

图2.2.20　借助基底色快速上色

平涂处理，产生的相关图层可能会遮住头发和眉毛周围的部分。正确地处理图层顺序不仅能够确保各个部分的准确性，还能维持整体画面的清晰度和视觉效果（见图2.2.21）。

图2.2.21　头发色块与周边平涂色块的上下层关系

在线面结合的整体上色策略中，快速平涂通常作为起始步骤，而基础层快选法则可以有效补充这一技术，尤其在处理复杂或详细的部分时。例如，在图2.2.22中，人物身后的靠背部分正是利用了基础层快选法进行处理。创作者先从基础层选择特定的区域，然后提取并在新图层上进行色彩调整。基础层快选法的优势在于，它允许创作者快速准确地分离出特定的色彩区域，为后续的详细上色工作做好准备。这种方法不仅提升了上色的效率，还保证了色彩调整的精确性，有助于实现整体画面的色彩协调和一致性。特别是在处理画面中的大块色彩区域时，基础层快选法能确保创作者在维护整体视觉效果的同时，快速处理各个细节。

7. 灰度调和原则

在数字插画的快速平涂阶段，遵循灰度原则是一种高效且实用的策略。通过适当

图2.2.22　基础层的快速应用

降低颜色的纯度并赋予其一定的灰度，各色彩间的搭配更具和谐感，尤其适合初学者迅速掌握并应用。灰度色彩的巧妙运用在数字插画中显得尤为关键，为整体作品带来平衡，增强其整体观感的连贯性和深度。从心理学的视角看，饱和度过高的色彩容易激起观者强烈的情感反应，而灰度色彩则起到调和的作用，让观者在审视作品时更加放松和舒适。当然，灰度调和原则还要充分结合创作者的绘制习惯及创作主题（见图2.2.23、图2.2.24）。

图2.2.23　画面中灰度原则效果对比

图2.2.24　快速平涂效果示例

小结

　　本节深入探讨了快速平涂创作中的多种综合技法。通过底色铺垫法、快速平涂动作设定、观念锚色法、渐进式色彩调整法、大面优先法、基础层快选法和灰度调和原则等技巧讲授，为读者提供了一套实战中验证过的有效工具。这些方法不仅技术性强，而且注重实用性，可帮助读者迅速提升绘画效率和作品质量。掌握这些综合技法，不仅使读者能够娴熟处理常见的快速半涂创作，还使他们能够结合个人的审美和理解，发展出自己独特的创作方法。总之，为了达到艺术和技术的完美结合，深入学习并实践本节的内容是至关重要的。

作业

　　请结合已有线稿作品进行快速平涂上色，灵活运用本章中讲授的主要方法，确保效率和画面质量。

第 3 章

圈影绘制技法

圈影绘制技法是数字绘画中用于增强二维图形深度和体积感的重要方法。这种技法主要是在已有的平面色块上添加阴影，将平面图形转换为具有立体感的形态。在数字绘画领域，圈影绘制技法被广泛用于给作品增添更多的维度和真实感。按照"双色法"的原则，圈影绘制技法不是单纯地添加暗色阴影，而是将阴影与原有色块进行有效的结合。这种方法通过在图形的特定部分绘制投影，增强了画面的造型体量感。这种绘制技法特别适用于需要增加深度感或高亮物体形态的情境。在应用圈影绘制技法时，创作者需要考虑光源的方向、强度和色彩，以及阴影的位置、形状和大小。正确的阴影绘制不仅增强图形的立体感，还能提升整体作品的艺术效果和视觉吸引力（见图3.0.1）。

图3.0.1 动画片《黑猫警长》的双色法应用

　　在线面结合绘制风格的系列流程中，圈影技法是继快速平涂之后的关键步骤。虽然快速平涂技法为图形提供了基本的颜色和形状，但圈影技法进一步为其添加了三维结构和立体感，从而让作品变得更加生动。本章将对圈影绘制的基本原理、技法及其在实战绘制中的应用技巧进行重点分析，包括理解光源的位置和性质、确定阴影的位置和形状，以及如何通过选区圈影快速模拟光影效果。通过这些分析，读者将能够掌握如何有效运用圈影技法来增强数字绘画作品的立体呈现，以及如何在整个绘制流程中有效地融合快速平涂和圈影技法，以创造出更加完整和动人的数字绘画作品（见图3.0.2）。

图3.0.2　圈影技法与平涂技法的对比

　　双色法（或称两色法）通常是指在艺术和绘画中使用两种主要颜色来创建影调和深度的技巧。这种方法可以追溯到古老的艺术形式和传统绘画中。然而，它在某些特定的艺术运动和时期中得到了更为明确的定义和应用。例如，在19世纪的法国，尤其是与印象派画家相关的时期，双色法得到了一定程度的应用。印象派画家们常常使用相对有限的颜色范围来捕捉光线和大气的变化。此外，版画艺术中运用双色法也有长期的历史。使用两种颜色的版画可以在细节和对比方面创造出一种特殊的效果。

3.1　圈影绘制综合技法分析

　　本节将结合一系列精选案例对圈影绘制技法进行系统探索和讲授。这些案例旨在提供真实的应用背景，帮助读者更好地理解和掌握该技法的核心要点。通过本节的学习，无论您是初学者还是有经验的创作者，都能够对圈影绘制技法有更加深入的了解和创作应用的启发。

图3.1.1展示了一幅传统文化中充满象征意义的装饰画——中国龙的局部细节。为了突显龙的眉毛部分并赋予其更加立体和生动的效果，选择进行圈影绘制。首先使用套索工具流畅地选取出龙眉的光影区域，确保选区的边缘和细节都得到完美捕捉。然后执行"图像"→"调整"→"亮度/对比度"菜单命令，根据整体表现意图，适当地减少亮度并增加对比度，使眉毛部分更加显眼和有深度。完成设置后，单击"确定"按钮，这便完成了一次典型的圈影绘制操作。

图3.1.1　圈影绘制技法示例

将刚刚绘制的龙眉图层单独呈现，可以清晰地看到选区与图层实际绘制区域的位置关系。如图3.1.2所示，选区绘制从图层之外的a点开始，贯穿了图层中预期的绘制路径，然后超过图层区域，选区路径行至b点后，此时提起数位笔，选区会自动完结并自动形成闭合。在选区范围中可细分为两部分：一是位于当前图层内的部分，这里对其进行了光影效果的调整，称作"效果选区"。二是选区延伸到图层之外的区域，称作"外围选区"。虽然使用套索工具进行绘制，但整体的绘制行笔手感与画笔工具非常相似，有入峰、行笔、出峰的感觉，也有特定的行笔速率流畅的阶段。结合之前线条绘制的"甩线对位"法，线条的入点和出点往往在实际绘制部分的外侧。圈影选区绘制也是如此，选区绘制的入点和出点也位于当前绘制画面的外侧。

1. 两点式选区

两点式选区是圈影技法中经常采用的一种绘制手法。使用套索工具 ⌝ 从一个起始点a出发，绘制一条弧线到达终点b，当数位笔离开数位板时，选区便自动闭合（见图3.1.3）。在现代数字绘画中，这种圈影技法往往具有造型概括的符号化风格。两点式选区的弧线曲率光滑，从点a到点b的绘制通常行笔迅速，因手法独特，常被称为"选区甩绘"。这种选区的形态锐利，能够在画面中的点、线、面等元素之间形成鲜明的对比，进一步丰富画面的细节和层次。值得注意的是，当创作者熟练地掌握了两点式选区的绘制方法后，往往会在线稿的初始阶段故意留白或预留空间，以确保在后续的圈影绘制过程中有更多的创作灵活性和空间（见图3.1.4）。

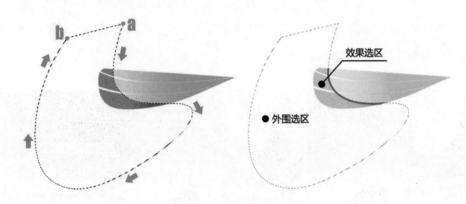

图3.1.2　选区绘制与选区范围

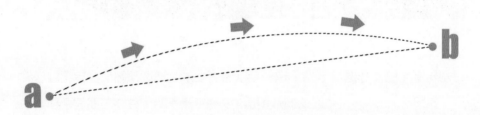

图3.1.3　两点式选区绘制

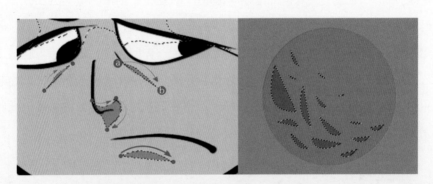

图3.1.4　圈影选区的点与线

2. 三点式选区

在实际绘制过程中，当尝试绘制波浪状的选区曲线时，入点和出点的自动闭合可能会切割当前的选区。为了避免这种情况，以图3.1.5所示为例，当绘制到点b时，应该避免立即提起数位笔。相反，应继续沿一条过渡路径绘至点c，然后再提笔。这样，点a和点c之间就会自动用直线方式闭合整个选区。其中，点a到b的选区路径是创作者预期的效果，是圈影中明暗的交界线。而点b到点c的路径则仅作为整合选区的过渡。这种绘制方法被称为三点式选区绘制。

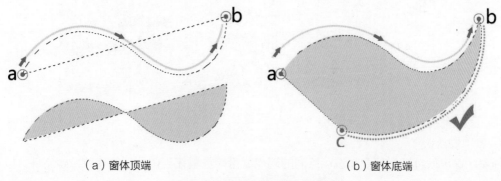

（a）窗体顶端　　　　　　　　　　（b）窗体底端

图3.1.5　圈影选区的收笔落位

3. 组合式选区

在实际绘制过程中，许多画面造型通常需要使用更为丰富的曲线造型来进行圈影绘制。这对于初学者来说，无疑是个挑战。可以通过按住Shift键，逐步累积每个阶段的绘制选区，从而形成一个曲率丰富且流畅的选区。这种方法被称为组合式选区绘制。例如，在图3.1.6中，为了绘制一个接近绿色线条的选区，进行了四次累积式的选区绘制，从而形成了画面所需的"明暗交界线"。最后，对整体选区的左侧进行了光影整合。

对于初学者来说，建议先绘制一个草图。在原有的绘制层上方创建一个新图层，并对整个图像的光影进行初步规划。就像动画片《黑猫警长》中的分镜草图一样，圈出整体的光影构思，明确明暗的交界线。这样在进行圈影绘制时便能够条理清晰、心中有底，这是一个简单且高效的方法。

4. 选区绘制的流畅性

当人们绘制一条横线时，笔的动作通常分为入笔、行笔和收笔三个阶段，其中行笔阶段的线条最为流畅。选区的绘制与线条的绘制在感觉上存在许多相似之处。尽管在绘制选区时，用力的大小不会改变选区的闪烁状态，但行笔速度和力道的控制对于绘制出流畅且丰满的选区造型是非常关键的，可使圈影选区效果与流畅的线条风格相得

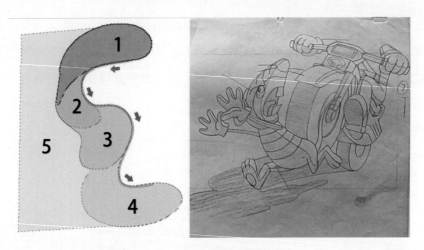

图3.1.6　组合式选区叠加示例

益彰。这也解释了为何要将选区绘制的起点尽可能放置在当前图层的有效像素之外，以便在初始阶段将不稳定的绘制部分排除在画面之外，进而保证选区整体的流畅性。

　　不同的数位板感应级别和各种计算机配置都可能对选区绘制产生不同程度的影响。因此，创作者在熟悉硬件环境的同时，也需要逐渐适应握持和操作数位笔，积累更多的绘制经验（见图3.1.7）。

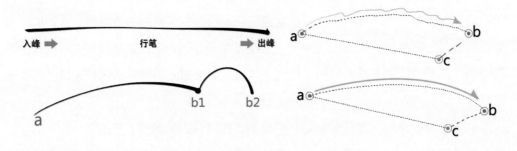

图3.1.7　选区绘制的行笔速度示例

5. 圈影选区绘制的停顿点

　　在选区绘制的过程中，由于图形的特定结构特点，经常会遇到绘制中的转折点。在遇到这些折点或拐点时，数位笔可以适当停顿。这种停顿点为创作者提供了一个稍作思考的机会，以便明确接下来的行笔方向。

　　以图3.1.8所示为例，这是一个在选区绘制中采用了停顿点的方法。从起点a到终点b，可以看到它经过了①、②两个选区造型的转折点。这就是绘制中的停顿点。当画笔在选区绘制过程中临近某些造型线条时，这些位置可以被当作一个短暂的停顿点。

此时创作者可以稍做暂停，仔细观察，然后决策接下来的行笔方向和策略，或是确定下一个转折或停顿点的具体位置。这一过程的感觉，有点类似于下棋时的策略性思考，但在绘制的开始阶段必须有明确的规划。当数位笔绘制到停顿点时，绝不应离开数位板的感应区，否则会导致选区立即闭合，可能打破整体的绘制节奏。

这种停顿点的应用策略不仅有助于提高选区绘制的精确度，还能帮助创作者培养对于造型的敏感度和认识。无论是传统绘画还是数字绘画，都需要创作者具有对图像整体和细节的敏锐观察力和判断力。

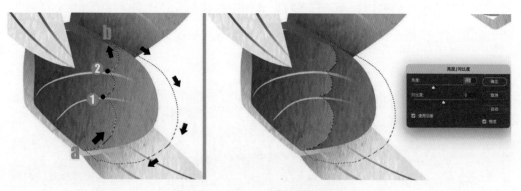

图3.1.8　选区绘制中的停顿点

6. 结构式圈影

结构式圈影是揭示物体内部结构形态的关键技术，能够使画面的立体感和深度得到极大的增强。通过对物体的深入理解，创作者可以更准确地捕捉到形体结构中的明暗变化，使作品更具真实感和立体感。这种方法的训练可以帮助创作者深化对物体形态和结构的认识，从而在绘画过程中自如地运用光影技巧，使作品更加生动和具有吸引力。对于初学者而言，使用画笔工具进行结构分析是一个有效的方法，能够帮助他们更好地理解和掌握结构式圈影的技巧，并在实际操作中更加得心应手（见图3.1.9）。

图3.1.9　以形体内在结构为主导的"圈影"效果

7. 选区绘制的造型意识

在先前的选区绘制示例中，起点和终点大都位于当前画面的图层之外。在所绘制的这些选区中，圈影效果直接作用于内部选区，而外围部分则作为辅助。除此之外，还有一种圈影选区绘制直接作用于画面内部。如图3.1.10所示，最右侧圆形中的圈影都是直接作用于图形内的，这种造型方式块面感很足，具有结实的笔触感，在光影和内容塑造中非常直接。这种感觉与木版画的刻板阶段极为相似，版画创作者会用刻刀直接在木板上雕刻。这种方法直接、清晰，赋予了创作者的艺术表现的自由度。创作者应逐步培养用套索工具进行形体创作的意识，并灵活地在画面中创造基于点、线和面的图像元素。在这一过程中，套索工具应被视为与"画笔"同等重要的工具（见图3.1.11）。

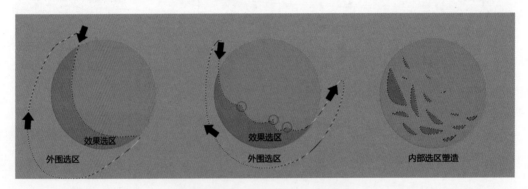

图3.1.10　边缘圈影与内部圈影

图3.1.11　圈影的符号意向表达

8. 纹理式圈影

在圈影选区的绘制过程中，纹理式圈影通常是选区累计绘制的最终步骤，为整体效果增添亮点。基于已完成的大型投影或结构式"圈影"选区，利用套索工具进行两点或三点式的选区绘制，每个选区的造型可以参考特定的纹理。创作者可以在同一平涂画面上探索不同风格的纹理式圈影（见图3.1.12）。这种练习的意义在于提高创作者对纹理表现的敏感性和技巧。纹理为画面增添了细致的触感和深度，使其更加真实和有层次。通过反复练习，创作者可以更好地掌握如何在不同的光影和结构下捕捉和再现纹理，从而丰富画面的细节，提高作品的整体质量。

图3.1.12　不同风格的纹理式圈影

9. 分阶绘制法

在圈影技术中，从整体到局部、从宏观到微观是整个圈影步骤的核心原则。如图3.1.13所示，首先应针对苹果的大块光影部分进行选区绘制，然后按住Shift键，进一步选择局部的纹理选区。采用这种方式，可以确保操作步骤条理清晰、有序。无论是处理宏观的光影还是微观的细节纹理，选区绘制都是一个造型塑造的过程。这种"绘制"方法与传统的画笔绘制有所不同，独特的绘制方式为创作者带来了一种特殊的造型美学。在这种方法中，大家应该深入体验和感受这种造型创作的活力与魅力，从而更好地掌握和应用它。

图3.1.13　暗部及纹理圈影

10. "圈影"与"圈亮"并举

"圈亮"是对圈影绘制技术的拓展与延伸。在对圈影技术的理解中，不应局限于只针对"投影"部分进行选区绘制，"圈亮"绘制更是画面完善的有益补充。"圈亮"即使用套索工具![套索工具图标]对亮部区域进行选区绘制,通过"亮度／对比度"调亮选区画面(见图3.1.14)。

图3.1.14 调亮选区画面

在实际创作过程中,先进行"圈影"操作以确定大的光影关系,随后加入"圈亮"处理,这样能使作品更具层次感和丰富性。以苹果为例,它的绘制融合了双重"圈影"技术。首先在原基础色上绘制投影,然后对苹果的高光部分进行"圈亮"处理。进行这种双重"圈影"操作时需要注意,为了增强画面的深度和立体感,进行了多次的"圈亮"绘制,模拟光源的多样性和物体的质地差异。通过对比明暗、强化高光和投影,可以更好地表现物体的质感和立体感,增加画面的吸引力(见图3.1.15)。

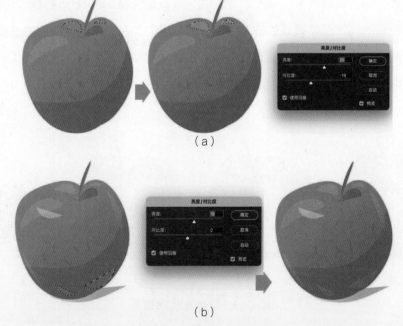

(a)

(b)

图3.1.15 "圈亮"绘制示例

注意: 无论是圈影还是圈亮,其选区之间应保持一定距离,可充分运用平涂阶段的原色来形成画面的过渡色块,使色彩变化更具有节奏和韵律感。如果应用选区过多次数叠加操作则会弄巧成拙(见图3.1.16)。

图3.1.16　避免多次重叠圈影

3.2　圈影绘制的风格化

随着创作者艺术意识和技能的持续成熟与深化，形体的塑造变得更为灵活多变。
简明的技法也能呈现出多样的表现力，从而使画面更为动人和引人入胜。富有经验的
创作者在线条绘制阶段，可能不会详尽地描绘出物体的所有内部结构，而是为后续的
"圈影"绘制预留一些创意空间。"圈影"本身也是一种造型技法，可以视为对内部
结构的进一步创意演绎。线稿与"圈影"的结合实际上是一种外部与内部结构的完美
协同，这种双方优势互补的合作方式往往能打造出一种清晰、生动的画面效果，尤其
在卡通风格的游戏美术设计中得到了广泛的应用。如图3.2.1所示，右侧角色的额头和
嘴部区域的"圈影"处理已经与具有颜色的线条相结合，为微小结构的细致展现增添
了举足轻重的触感。

图3.2.1　简单线稿与丰富"圈影"效果的结合

对于初学者而言，当探索线面结合的数位绘画技巧时，尝试儿童插画风格的创

作是一个极佳的选择。这种风格往往追求可爱、直白的"拙趣"特点。在线稿和"圈影"绘制中，不必对每个细节都追求准确到位，这为创作者提供了相对宽裕的操作和创意空间。这样的练习方式不仅能帮助创作者更加深入地理解和掌握绘画的基本原则，还能在过程中建立起绘画的自信（见图3.2.2）。

图3.2.2　卡通风格圈影效果

　　数字绘画的魅力在于丰富多彩的表现手法。对于初学者来说，自信和找到自己的绘画风格是关键。在绘画的初级阶段不必追求完美，而更应该注重作品的完整性。不要被复杂的选区技巧所困扰，更重要的是将自己的想法完整地呈现在画布上。尤其对于初学者，儿童画风格的练习是一个很好的起点，不仅能够帮助他们建立自信，还能提供无限的创作灵感（见图3.2.3）。

图3.2.3　儿童插画风格圈影效果

　　根据画面表现的需求，"圈影"操作时应明确一个主光源的光影表现，整个画面要力求做到光源方向逻辑上的统一。对于一些辅助性的光源表现可通过后期的"熏染"环节来完善。在绘画过程中，"圈影"技术的应用需考虑整体画面的光影逻辑，尤其是主光源的方向和强度。确保主光源方向的统一性是关键，这不仅增强了画面的真实感，还有助于为物体赋予立体感。尽管在实际创作中可能存在多个光源，但在"圈影"初步塑形阶段，重点应放在主光源的效果上。

一些环境光或辅助光源，如反射光或柔光，可以在后续的"熏染"阶段进行细致处理。以图3.2.4中的手臂为例，除了受到主光源的直接照射外，还受到了来自斜下方的蓝色环境光的照射。在进行"圈影"绘制时，这种细微的环境光效果可以暂时放置，先确保明暗交界线受到主光源的主导。总之，无论是线稿的勾勒还是"圈影"的处理，最终的目标都是使其与整体画面的风格和氛围完美融合，从而呈现出和谐统一的艺术效果（见图3.2.4）。

图3.2.4　以主光源为主导圈影效果

3.3　线面结合风格圈影绘制实例

借助套索工具，从角色的头顶部分开始，特别是头发区域，作为绘制的"入点"（图3.3.1中a点）。绘制时从上至下一气呵成，快速勾勒出角色脸部的整体光影范围。当绘至角色的领口位置时，即为选区的"出点"（图3.3.1中b点）。接着，从脸部外围的左侧向上继续绘制，并在回到"入点"位置时轻轻提起数位笔，此刻，选区便会自动闭合，完成整体的光影选区划定（见图3.3.1）。

在圈影绘制过程中，选择选区时经常会遇到多个"停顿点"和"休息区"。当数位笔遇到如皱纹这样的线条交界时，可以被视为一个停顿点。创作者可以在此短暂停留，观察并规划接下来的绘制方向或确定下一个停顿点位置。而"休息区"通常指线稿中面积较大的部分，如眉毛线稿。当选区工具经过这样的区域时，由于最后的圈影效果会被遮挡，创作者可以稍作放松，再继续规划后续的绘制步骤。但需要注意，不论是在停顿点还是休息区，数位笔都不能离开数位板感应区，以免选区意外闭合（见图3.3.2）。

图3.3.1　圈影绘制示例

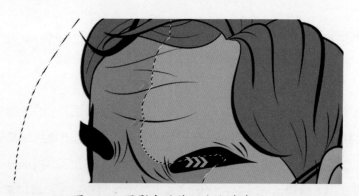

图3.3.2　圈影中的停顿点和休息区

在完成角色脸部的主要光影选区绘制后，可以按住Shift键，以组合方式对局部光影选区进行精细化的加选。这一步要求创作者深入理解画面中物体的造型结构和光源分布。借助套索工具，创作者应能够流畅地勾勒出具有深度和细致度的圈影选区。这样的处理不仅加强了画面中光影的交互效果，也增强了角色的立体感和真实感觉。为确保画面的协调性，建议在绘制过程中不断回顾和对照整体，确保每一处的细节处理都与整体画面风格和氛围相契合（见图3.3.3）。

图3.3.3　光影补充绘制

采用两点式选区绘制技巧，可以精确地为角色脸部添加皱纹细节。结合脸部的解剖结构和一致的光影关系，通过"线"这一画面元素，可以进一步丰富光影的层次和细腻度。此阶段的工作重点是加深局部的造型，使其与初步的线稿层中所呈现的设计意图相得益彰。这不仅增强了角色的立体感，还增添了生动性与真实感。每一道皱纹都应该与角色的情感和性格相协调，从而使其更具说服力和感染力（见图3.3.4）。

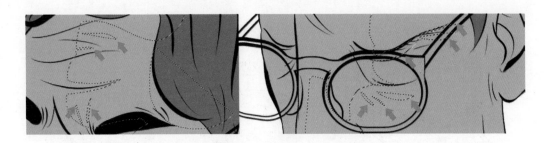

图3.3.4　细节皱纹光影绘制

尊重独特的艺术表现是创作中至关重要的。形式与内容的融合可以赋予作品独特的魅力。圈影造型不必局限于写实风格，更为概括和符号化的表达方式往往能够更独特地表达绘画语言。多元化的造型风格不仅增强了作品的艺术性，还为插画风格的美学塑造注入了新的活力。如图3.3.5所示的角色脸部，其夸张的特质就是对传统绘画的一种挑战。通过圈影造型的技巧，夸张的块面感得到了进一步的强化，使作品更具视觉冲击力。

圈影绘制是一种能迅速将平面色块转化为立体视觉意象的技术，它在数字绘画中起到了塑造立体造型的关键作用。结合快速平涂，圈影绘制不仅可以创建出具有阶段完整性的数字绘画作品，还能打造出独特的艺术风格。当然，进一步结合熏染绘制技术，作品的效果会更加和谐统一，画面的整体质感和深度也会得到显著提升。这种综合应用不仅为创作者提供了更多的创作可能性，还助力数字绘画领域的不断探索与进步（见图3.3.6）。

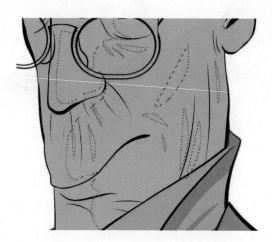

图3.3.5 圈影造型的符号化意向

图3.3.6 成稿效果

小结

本章全面深入地介绍了圈影绘制技法，并重点分析了圈影在综合技法中的应用。详细探讨了包括两点式选区、三点式选区、组合式选区在内的选区技巧，以及选区绘制的流畅性和圈影选区绘制中的停顿点等关键概念。此外，通过实例分解，帮助读者理解和掌握结构式圈影的绘制技巧，以及选区绘制中的造型意识。本章还讨论了圈影的不同类型，以及如何灵活运用圈影与"圈亮"技法，以全面理解圈影绘制的各种可能性。通过讲解风格化的圈影绘制，旨在增强创作者在运用圈影技法时的自信和灵活性。鼓励读者结合个人的绘画习惯，以圈影技法为基础进行创新和拓展，以丰富和深化作品的艺术表现。

作业

选择一个已完成快速平涂的插画作品，在其PSD绘制文件中尝试进行圈影绘制。为了更好地强化对圈影技法的掌握，可设计两个不同的主光源方向，并根据光源方向完成两套相应的圈影绘制方案。

第 4 章

复合式蒙版绘制技法

蒙版（mask）和剪贴蒙版（clipping mask）在众多数字绘画软件中都是非常重要的应用概念。蒙版的核心功能在于能够灵活地显示或隐藏图层的特定部分，而剪贴蒙版则允许限制一个图层的内容在另一个图层的形状范围之内，这在特定形状内部的颜色、纹理或效果应用中尤为常见。剪贴蒙版的一大特点是它依赖于底层图层的形状，这意味着上层图层的内容仅在底层图层的形状范围内可见。通过将蒙版和剪贴蒙版结合使用，可以拓展出独特的复合式蒙版绘制技法，为创作者提供更高的灵活性和精确度。复合式蒙版绘制技法能够实现更为复杂和精细的图层控制，这在创作复杂的数字艺术作品时尤其有用，特别是在需要精确遮罩和形状内上色的场合。它在众多数字绘画技法中起着承上启下的作用，不仅引领着线面结合等基础绘制技法，还拓展了更多表现技法的可能性。在游戏美术绘制中，复合式蒙版绘制经常与线面结合的风格相配合，以达到更加精致和细腻的画面表现（见图4.0.1）。

4.1 蒙版原理及基础操作

在PS的图像处理中，蒙版功能是实战应用非常广泛的技术手段。它赋予了创作

图4.0.1　复合式蒙版绘制效果

者图像编辑的灵活性。从技术角度讲，蒙版图层实质上是一个灰度模式，旨在调节图层内容的透明度。在此模式中，白色对应的部分代表了图像的完全可见，而黑色则意味着图像的不可见。而介于这两者之间的灰度值则提供了渐变的透明度控制。它不仅能够为创意提供多种可能性，还能保持原始图像的数据不受损害，从而实现非线性编辑。无论是进行高级图像合成，还是对图像进行细微调整，蒙版都为实现精准的图像处理提供了坚实的支撑（见图4.1.1）。

图4.1.1　蒙版效果

1. 创建基础蒙版

在PS中创建图层蒙版的过程比较简单。在图层面板选择当前准备添加蒙版的图层，通过单击图层面板中的蒙版创建按钮■添加蒙版，此时在当前图层就会添加一个白色蒙版（见图4.1.2）。还可通过执行"图层"→"图层蒙版"菜单命令添加蒙版，在"图层蒙版"菜单选项中选择"显示全部"或"隐藏全部"。"显示全部"将添加一个白色蒙版；"隐藏全部"将添加一个黑色蒙版。在实战应用中，蒙版操作属于较为频繁的技术环节，菜单命令的操作效率较低，本节将主要介绍与图层面板相关的蒙版操作。

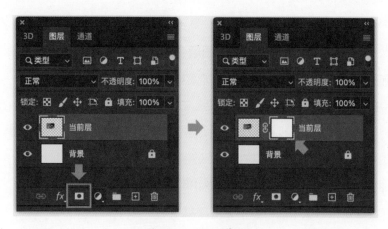

图4.1.2　添加蒙版

2. 创建选区蒙版

如果在创建蒙版之前已经有一个选区，那么这个选区会自动转换为蒙版。选区中的选定部分会变成白色，未选中的部分会变成黑色（见图4.1.3）。

注意： 选区蒙版在创建之前，选区绘制的方式可以是多种多样的，包括利用常规选区工具、魔术棒、套索工具等进行的选区绘制。

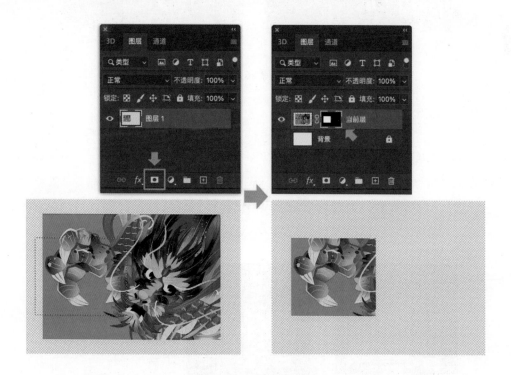

图4.1.3　创建选区蒙版

3. 编辑蒙版

创建蒙版后，在图层面板中，当前图层会出现两个缩略图，左侧为图层缩略图，右侧为蒙版缩略图，两者之间有一个链接图标⊗。编辑图层或蒙版之前，一定要先在图层面板中单击指定蒙版缩略图进行激活，在激活状态下，缩略图周围会出现白色边框，这是很多初学者容易忽视的问题，否则会将蒙版的相关绘制画到图层上。

蒙版也如同一张画布，常规的画笔、渐变等工具都可以在蒙版上进行黑白灰的绘制，当前图层呈现了对应的效果。配合Alt键单击蒙版图标，此时可单独显示蒙版图像，方便直接观察；再次单击可取消蒙版单独显示状态（见图4.1.4）。

通常情况下，使用移动工具⊕对图层或蒙版任意一方进行移动时，二者可同步移动。如果配合Shift键，单击链接图标⊗，该按钮将消失，同步移动状态也将取消，再次单击原位置，链接图标⊗会显示。在实战绘制中，这个切换技术并不经常使用，但可帮助使用者更加全面地认识图层与蒙版位置的对应关系。

图4.1.4　蒙版效果开关

4. 禁用或删除蒙版

如果想暂时禁用蒙版并查看完整的图层内容，可以配合Shift键并单击蒙版图标。如果想完全删除蒙版，可右击蒙版缩略图标，执行"删除图层蒙版"命令。如果单击图层面板的删除按钮🗑，则会弹出对话框，如单击"应用"按钮，则删除后仍然保留之前蒙版应用效果（见图4.1.5）。

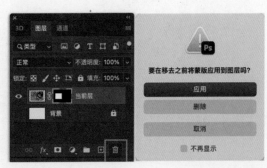

图4.1.5　删除蒙版操作示例

5. 蒙版与灰度的概念

在蒙版应用中，白色代表内容完全可见。如果蒙版的某个部分是白色，那么相应的图层内容也会被完全展示；而黑色则意味着内容完全不可见，与其对应的图层部分会被隐藏；灰色则代表了中间的透明度。较深的灰色意味着较低的透明度，使内容接近于不可见，而较浅的灰色表示较高的透明度，使内容更趋近于完全可见。也就是说，灰度越深，图层的可见性就越低，反之亦然（见图4.1.6）。许多创作者经常用"黑透白不透"这一直观的口诀来帮助他们在使用蒙版时进行快速的决策和操作，能够为初学者提供明确且易于理解的指导（见图4.1.7）。

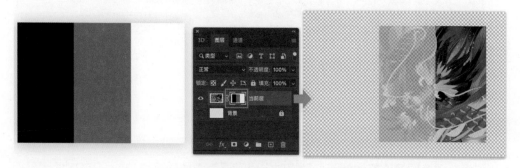

图4.1.6　蒙版中黑白灰的对应效果

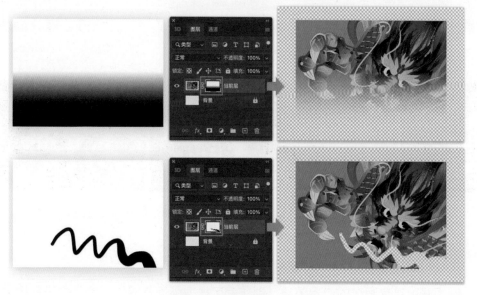

图4.1.7　蒙版的多元展现

6. 蒙版在图层组中的应用

蒙版的使用不限于单独的图层，它同样可以应用于图层组。将蒙版与图层组结合，能够对组内所有图层产生影响，这在复杂的图像合成和编辑中可为创作者带来更广泛的调整空间和精确控制。这种应用的操作方式和单一图层上的蒙版原理并无二致（见图4.1.8）。

图4.1.8　为图层组添加蒙版

7. 蒙版在调整图层中的应用

利用图层蒙版调整功能，能够精准地针对图像的某些特定部分进行局部修改，这为创作者在塑造图像的整体外观与风格时提供了更为细致的操作控制。在PS的图层面板中，可以选择特定的调整图层，以"色相/饱和度"调整图层为例，这种调整图层被创建后会自动配备一个白色蒙版。通过该蒙版可以控制调整图层对于以下图层的作用范围，基本操作方式与常规图层蒙版相同（见图4.1.9）。

图4.1.9　调整图层蒙版应用

8. 图层蒙版的风格化应用

图层蒙版具有画布的应用内涵，创作者可根据画面需求，在蒙版中进行相关绘制，因画笔笔刷类型丰富，画面最终的蒙版效果也不尽相同。

图层蒙版在PS中不只是一个遮罩或掩盖工具，它为创作者打开了一个创意的王国。当将它视为一个可以绘制的画布时，创作者可以实现许多独特的效果。PS中的笔刷库非常丰富，从基本的硬笔和软笔，到有纹理、模式和动态效果的笔刷，为蒙版绘制提供了无尽的可能性。通过在蒙版上使用特殊的纹理或模式笔刷,可以为图像添加各种质感和深度,为图片创造特定的图形意向氛围。与传统的遮罩或选择不同,手绘的蒙版为图像带来了独特的艺术性,允许创作者通过细腻的笔触、渐变和混合来表达自己的风格和情感,为创作者提供了实现各种风格化效果的机会,如复古、抽象、手绘等。这些效果可以帮助创作者在其作品中产生独特的视觉标识(见图4.1.10)。

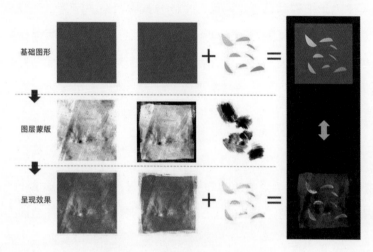

图4.1.10　蒙版效果的拓展应用

图层蒙版不仅是一个技术工具,它也是一个充满无限可能性的艺术媒介。对于那些寻求将其作品提升到新高度的创作者来说,掌握并深入探索蒙版的应用至关重要。图层蒙版的深入应用和探索为创作者提供了一种全新的创作维度。许多创作者已经意识到,蒙版不仅是为了控制图层的可见性,而是作为一种强大的工具来增强和完善其创作。图层蒙版朝着画面肌理效果表现的方向进行拓展,这样的图层蒙版应用方式对于画面风格类表现具有很大的启发性。在随后的技法讲授中将进一步探讨图层蒙版在绘画中的多种表现和应用,以期帮助创作者充分发挥这一工具的潜能,实现更为丰富多彩的艺术创作(见图4.1.11)。

图4.1.11　图层蒙版综合应用的插画表现

4.2 剪贴蒙版原理及基础操作

剪贴蒙版在PS中被广泛认为是一个强大和多功能的工具，为图像创作者提供了许多方式来精练和增强他们的作品。剪贴蒙版是PS图层应用的核心功能之一，能够利用一个指定图层（通常被称为"基底图层"）的像素内容来决定另一个或多个图层的可见区域。这意味着任何在"剪切"状态下的图层都将仅在基底图层存在像素的地方显示出来。这种方法不仅提供了对图层细致的可见性控制，而且在绘制复杂的合成图像时提供了巨大的灵活性。另外，通过使用剪贴蒙版，创作者可以轻松实现诸如纹理叠加、颜色校正和特殊效果应用等高级技巧，进一步提升作品的整体视觉吸引力。

1. 创建基础剪贴蒙版

在PS中将图层转换为剪贴蒙版，需要确保预备"剪切"的图层位于所选基底图层的上方。选中准备转换为剪贴蒙版的图层，按住Alt键，将光标悬停至该图层与基底图层的分界线处，此时光标变为一个指向下方的箭头，单击即可实现剪切效果。当然，通过执行"图层"→"创建剪贴蒙版"菜单命令也可达到同样效果。在实际操作中，创作者更偏向于使用组合键Alt+Ctrl+G来快速实施剪贴蒙版。在图4.2.1中，基底图层为一个圆形图像，在其之上所加的是剪贴蒙版图层。

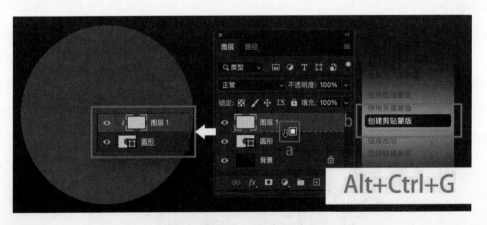

图4.2.1 剪贴蒙版创建操作示例

在当前剪贴蒙版图层，使用画笔工具，选择常规柔边笔刷，适当调整画笔直径及光影颜色，在圆形右下角区域进行绘制，增强画面图形的体量感。此时圆形的基底图层对其上方的剪贴蒙版图层的绘制范围进行了限制，呈现出剪贴蒙版绘制特有的画面表现（见图4.2.2）。

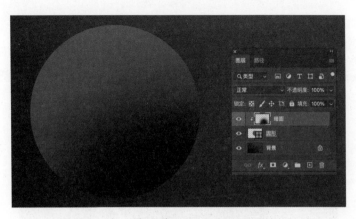

图4.2.2　剪贴蒙版与熏染绘制结合

2. 多重剪贴蒙版应用实例

在已有的基底图层之上，可继续叠加更多的剪贴蒙版图层，如"固有色"层。当继续添加剪贴蒙版时，要特别留意图层的叠放顺序。在本例中需在图层面板中选择"暗面"图层，创建新图层，并命名为"固有色"层，按组合键Alt+Ctrl+G，可将"固有色"层继续转换为剪贴蒙版图层。按照同样的操作步骤，依次添加"亮面"层和"反光"层，并同样作为基底图层的剪贴蒙版图层，使球体的画面层次更为丰富，呈现效果也更加立体真实（见图4.2.3）。

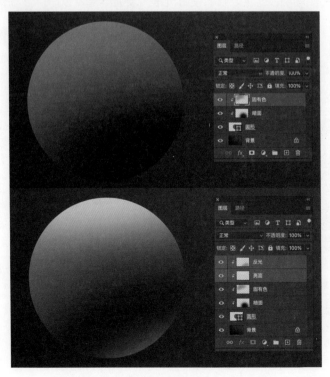

图4.2.3　多重剪贴蒙版熏染绘制示例

在"反光"图层之上，可以进一步添加剪贴蒙版图层，命名为"高光"层。值得注意的是，即使是剪贴蒙版层，仍然可为其创建图层蒙版，这样能够帮助创作者更精细地调整和捕捉图层的细微变化，使整体作品的表现更为精致和生动（见图4.2.4）。

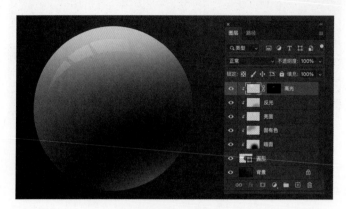

图4.2.4　为剪贴蒙版图层添加蒙版

特意将"高光"层进行单独说明。利用套索工具○进行选区绘制，在此过程中，可以按住Alt键对部分选区进行减选操作，使整体选区形状逐渐呈现出像格子一样的形态。完成选区后，进行白色填充并解除选区。接着，给这一图层添加蒙版。在"高光"层的蒙版中，使用渐变工具■进行由黑至白的线性渐变，这样可以使高光部位展现出从明显到逐渐消散的过渡效果，使高光表现更加丰富（见图4.2.5）。

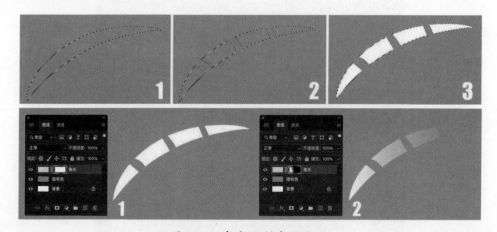

图4.2.5　高光绘制步骤演示

在PS中，调整图层可以被转换为剪贴蒙版图层，这样的处理方式可以确保调整图层的效果仅局限于基底图层的范围，而不波及其他图层。在图4.2.6中，可以看到"亮度/对比度"和"色彩平衡"这两个调整图层的影响仅限于圆形图案（即基底图层），而周围的深灰色背景则完全不受这些调整的影响。这种方法不仅使工作流程更为简洁，还能确保创作者在调整时更有针对性。

图4.2.6　剪贴蒙版综合绘制效果

在PS中，如果想要取消某图层的剪贴蒙版效果，只需按组合键Alt+Ctrl+G即可。需要特别注意的是，当一个图层被嵌套在剪贴蒙版序列中，如果试图解除其中一个图层的剪切效果，该图层上方的所有图层都将失去剪贴蒙版效果。以"固有色"层为例，若对其使用解除剪切的组合快捷键，其上的所有图层都会受到影响。为了避免这种情况，建议先将目标图层拖到剪贴蒙版序列的顶部，再执行取消剪切操作。这种方法可以确保其他图层免受不必要的干扰，并使工作更加流畅（见图4.2.7）。

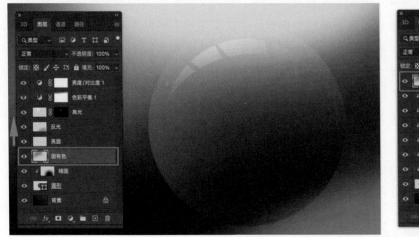

图4.2.7　剪贴蒙版图层顺序与释放效果

综合蒙版在创作实例中的应用是多种多样的，它提供了一种更加灵活和创新的拓展思路。例如，可以通过结合剪贴蒙版图层和套索工具的使用，实现圈影效果。这种方法不仅增强了图像的深度和立体感，而且提供了更多控制和创作自由。在后续的实例中，将进一步展示这种蒙版复合式绘制技法的多元化技巧应用。这些实例不仅会包含基本的蒙版使用技巧，还将展示如何创造性地将这些技巧应用于不同的数字绘画作品中，从而实现更为丰富和细腻的视觉效果。通过这些实例，创作者将能够深入理解并掌握综合蒙版技法的潜力和灵活性，从而将这些技术融入自己的艺术创作中（见图4.2.8）。

图4.2.8 利用剪贴蒙版图层模拟圈影效果

小结

本章介绍了复合式蒙版绘制技术，拓宽了绘制的思路。着重讲解了蒙版及剪贴蒙版的基本原理和操作方法。章节内容以数字绘制为核心，分析了这些工具的基本功能，同时也考虑了蒙版和剪贴蒙版在实际应用中的结合点和互动方式。所选实例均为精心挑选的代表性作品，不仅展示了复合式蒙版技术的实际应用，而且具有一定的启发性和教育意义。通过这些实例，读者可以更好地理解蒙版技术的应用范围和潜力，以及如何在自己的作品中灵活运用这些技巧，创造出更加丰富和深入的艺术效果。本章的内容能够帮助创作者突破传统的绘制限制，探索更多富有创意和创新的艺术表达方式。

作业

以特定昆虫为类型基础，尝试使用复合式蒙版综合绘制技法进行概念设定表现。

第 5 章

熏染绘制技法

熏染绘制技法在线面结合的绘制流程中起重要的收官作用。这个阶段以快速平涂、圈影等绘制的整体画面为基础，对画面进行带有光感的柔化处理，添加更为细腻的色彩元素，从而实现整体画面的和谐统一，并展现出更为高级和丰富的视觉效果。"熏染"一词作为这一阶段技法名称非常贴切，喻示了技法效果的微妙变化，类似于现实生活中的喷绘艺术，创造出一种朦胧、雾化的绘制印象，这是这一技法所特有的绘制状态和感觉（见图5.0.1）。

图5.0.1　线面结合绘制序列中的熏染绘制

熏染绘制是对现实中喷绘艺术的数字化模拟。在18世纪90年代，欧洲的艺术家取得了一个创新性的技术跃进，研发了一种基于气压动力传输原理的初级喷涂装置，这种装置被赋予了一个形象的名字——"空气画笔"。空气画笔启用了气压技术，将调配好的颜料转换为细微的雾状，并均匀地喷洒到正在创作的画布或材料上。这既实现了颜色的平滑覆盖和自然渐变效果，又大大缩短了传统绘画在实现类似效果时所需的长时间重复晕染的过程（见图5.0.2）。创作者在实践中不断地试验和探索，逐渐明确了适合此种喷涂技术的特定绘画流程，并开发了众多支持该技术的辅助方法。随着时间的推移，喷绘相关的技术设备也随着科技进步得到了持续的完善。这些设备，尤其是为艺术设计和其他相关领域特制的喷涂装置，也在其功能和应用上进行了更为精细的分类。这种工具技术的演进不仅促进了绘画领域的创新，也激发了创作者在创作思维和操作技巧上的不断升华。

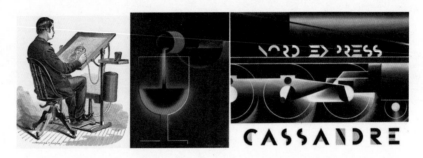

图5.0.2 早期的"空气画笔"装置及喷绘作品

　　喷绘技术在化妆艺术和涂鸦艺术中被广泛应用，在喷绘过程中需要对多种因素综合考量，包括喷枪气压、喷枪与画面的距离、模板的使用等。创作者通过细化模板的应用创建出细腻的作品，如对物体亮面、反光等细节的精细处理。模板喷绘技术不仅限于艺术领域，也被广泛应用于日常生活中，如汽车喷漆时使用报纸作为遮挡物。这种应用体现了模板在喷绘过程中的重要性，尤其是在处理模板与喷涂核心区域的边缘交界处时需要精心构筑，以确保喷涂的准确性和效果（见图5.0.3）。

图5.0.3 生活中的喷涂绘制示例

　　随着数字绘画技术的发展，各种专业的绘画软件都致力于模拟传统绘画中的工具和效果，以满足创作者和设计师的需求。熏染、喷枪等模拟笔刷旨在模仿传统工具在画布上留下的特有痕迹，如雾状的渐变或自然的覆盖效果。Photoshop、Painter、Procreate、Clip Studio Paint等流行的数字绘画软件都配备了这种模拟笔刷。

数字绘画领域通过技术手段对模板喷绘技术进行了充分的借鉴和模拟，在绘制物体的光感和质感表现上，以及在提升画面质量方面，软件中的图层、蒙版、选区、笔刷等工具的综合运用为创作者提供了较为自由的创作空间，使创作过程变得更加灵活和多样化。同时借助数字软件非线性的操作特性，逐渐衍生出符合数字绘画特殊规律的模板绘制方式，我们将这一类型的绘制统称为熏染绘制，熏染绘制与数字绘画相关技法灵活配合，逐渐成为数字绘画领域较为主流的一种绘制技法（见图5.0.4）。

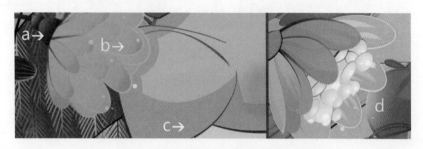

图5.0.4　数字绘画中富有光感的熏染绘制

熏染绘制有一种雾化、气化的喷绘效果，使得画面表现更加细腻，渐变流畅，与圈影绘制形成了有益补充。同时，熏染绘制充分考虑到光源因素，以及环境光、氛围光的综合影响因素，相对于只用圈影绘制完成上色的画面而言，更加浑然一体，色块之间相互的联系更加紧密。熏染绘制的色彩并不是在原有圈影色彩基础上的简单延伸，而是充分利用临近时、互补色等多重色彩关系，使画面色彩关系更加丰富（见图5.0.5）。

图5.0.5　细腻丰富的熏染绘制

在数字绘画中可以更加灵活地运用色彩语汇，利用色彩熏染加强色彩之间、画面信息之间的联系性，更加灵活地运用环境色、散射等综合元素。例如，在图5.0.6所示画面中，左侧女角色头发边缘线稿熏染色彩有意提取了右侧角色衣服的橙黄色，这就在画面信息中加强了两者之间的色彩联系，再结合两人肢体语言以及微表情的形体塑造，将内容与形式的展现进一步融合（见图5.0.6）。

图5.0.6　熏染绘制传递更加细腻的符号信息

对于儿童插画风格的熏染绘制，结合画面主题和风格，熏染绘制在用色方面往往更加大胆、色彩斑斓，营造开心愉悦的画面氛围，将氛围感拉满。熏染绘制技法充分变成了画面表现的利器。让每个画面物体都自带光感（见图5.0.7）。

在实际应用中，灵活运用熏染绘制，可以使画面充满灵气，展现一种丰富微妙的画面色彩关系，也正因为如此，画面质量会显得很高级，这正是熏染绘制技法的优势所在（见图5.0.8）。

图5.0.7　儿童画风格的熏染绘制　　　　图5.0.8　细腻丰富的熏染效果

5.1　熏染绘制的基本操作

在数字绘画中，熏染绘制技法借鉴了传统喷绘技术的精髓，特别是在控制喷枪气压、喷枪与画面的距离，以及模板使用等方面的综合因素。这种技法并不是简单地在明确限定的区域内进行均匀喷涂，而是需要创作者灵活控制画笔的大小，并巧妙利用数字绘画中画笔与限定区域的相对位置，以形成柔和的色彩过渡效果。这种方法类似于传统模板喷涂技术中的高级表现形式。

1. 熏染笔刷的大小与位置

在熏染绘制中，画笔直径的设定是关键的一环，其数值需与预期的画面效果相协调，以达到期望的"喷涂"效果。例如，在PS中使用默认的"柔边圆压力大小"笔刷，若将笔触大小调整至30像素，绘制出的效果将具有较为明显的线性质感，这种表现不足以划归于熏染效果。相反，将笔触直径调整至1000像素时，绘制出的效果则会显示出明显的羽化边缘，尤其是在点a至点b的同心圆范围内表现尤为突出。这样的设定创造出的效果就形成了典型的熏染效果，具有一种雾化、渐变的视觉感受。这种技术的运用，特别适合于创造柔和的色彩过渡和淡化的边缘效果，能够显著提升画面的细腻度和层次感（见图5.1.1）。

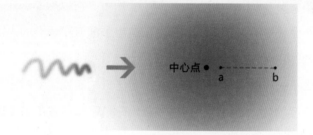

图5.1.1　熏染效果

熏染绘制操作的最大特点就是在特定的范围内进行绘制，并在该限定区域内形成一定的自然渐变效果。在图5.1.2中，使用矩形选框工具██绘制正方形选区，并以此作为熏染绘制的特定区域，图中标注了柔边画笔的落笔中心点位置，圆环为画笔绘制区域。在图5.1.2（a）中，落笔中心点位置在正方形选区边缘，画笔大小及绘制区域与现有正方形选区保持了一定的位置关系。绘制后，在正方形选区内形成了自然渐变的熏染效果；在图5.1.2（b）中，画笔的落笔中心点位置在正方形选区内，画笔大小及绘制区域涵盖了整个正方形选区，最后的绘制效果与填充前景色一样，并没有在正方形选区内形成有效的渐变效果，这也是多数初学者容易忽视的一个问题。在实际绘制过程中，结合自身的绘制愿景，要将画笔的落笔位置、行笔范围、笔触大小与熏染特定区域大小及其位置关系进行充分结合，综合考虑。

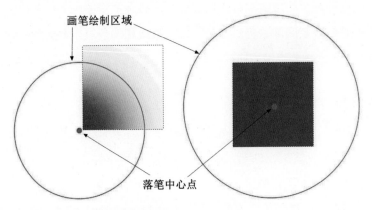

（a）落笔中心点在正方形选区边缘　　（b）落笔中心点在正方形选区内

图5.1.2　熏染位置及效果对照分析

2. 灵活运用图层区域限定功能

在进行熏染绘制时，可有效利用PS的"锁定透明像素熏染"功能或"剪贴蒙版熏染"功能，如图5.1.3（a）和图5.1.3（b）所示，可以帮助创作者专注于当前图层上的熏染操作，而不影响其他部分，从而创造出更细腻和精准的光影效果。使用图层"锁定透明像素"功能时，任何在当前图层上的绘制都只会影响已有的像素，保护了图层的透明区域不被改变。这一点对于在特定区域内实现精细的熏染操作尤为重要。在之前章节的蒙版复合式绘制内容讲授中，也分析了剪贴蒙版与熏染绘制，这些都可作为常用的熏染绘制的辅助工具。

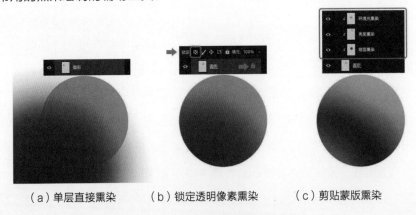

（a）单层直接熏染　　　（b）锁定透明像素熏染　　　（c）剪贴蒙版熏染

图5.1.3　多元的熏染遮罩技术

熏染绘制作为圈影绘制的有效补充，灵活利用剪贴蒙版图层功能，熏染绘制能够在当前上色图层上添加更为细腻和丰富的效果，从而在图层序列中形成每个相对独立的剪贴蒙版图层单元。例如，在图5.1.4中展示的小象的头部和身体的熏染绘制，正是通过各自独立的剪贴蒙版图层进行的。这种方法使画面的每一部分都能够获得更加精细的处理，增加了画面的层次感。在每个剪贴蒙版图层上进行熏染绘制，创作者可以更精准地控制颜色和光影的过渡，从而实现更为精细和复杂的视觉效果。

图5.1.4　与

5.2　熏染绘

1. 熏染的色彩补

在线面结合的绘　　　　　　　　　　　　　对之前所有画面效果的最后整合和完善。在这　　　　　　　　　　　　个阶段在最终效果中的作用和意义，以及它们　　　　　　　　　　　个已经圈影绘制的色块进行熏染，通过雾化的　　　　　　　　　　影阶段中色块间较硬的明度对比。在实施熏染　　　　　　　　　　　小、行笔速度及数位笔的压感等，以确保画　　　　　　　　　　　　　。在熏染的过程中应保留一定的圈影效果，使　　　　　　　　　　　　喧宾夺主（见图5.2.2）。

图5.2.1　丰富多彩的熏染效果

图5.2.2　熏染效果的强弱对比

2. 渐变工具与熏染概念有机结合

在线面结合的创作实例中，直接对当前图层锁定透明像素并进行熏染绘制，是一种效率较高的方法。特别是在处理含有数百个图层的复杂画面时，这种方法尤为有效，创建过多的剪贴蒙版图层并不现实。例如，在实例中展示的快速平涂环节，已经通过分层组的方式进行了平涂上色，在图层分布示意中可以清晰地看到；在快速平涂阶段，并不是每个封闭线稿都需要进行单独的平涂，而是要结合实际的画面需求，以提升效率。在熏染环节，可以直接对平涂色块熏染，步骤序列可以更加灵活；对于面积较小的色块图层，直接进行熏染而不做圈影处理往往是更有效的选择；使用渐变工具▉配合图层锁定透明像素功能，直接创造出细腻的色阶变化。这是熏染绘制中常用的一种技巧，能够有效地增强画面的层次感和深度，从而达到更为精细和丰富的视觉表现（见图5.2.3）。

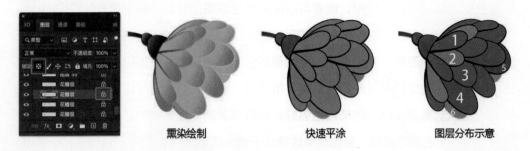

图5.2.3　直接作用于平涂色块的熏染绘制

渐变熏染技术不仅是一种快速实现视觉效果的方法，而且在表现特定风格或文化主题时具有独特的优势。这种技术能够有效地传达特定氛围和情感，使作品更具表现力和深度。例如，在图5.2.4所示龙的主题创作中，大量运用了渐变熏染技术。这种方法不仅增强了作品的层次感和视觉吸引力，还赋予了画面一种细腻和灵动的质感。渐变熏染通过平滑的色彩过渡，营造出一种流动且富有生命力的视觉效果，使龙的形象显得更加生动和真实。此外，渐变熏染在处理光影、色彩层次和细节方面尤为有效，能够精确地捕捉和展现不同元素之间的微妙关系。

图5.2.4　以渐变色熏染为主的绘制效果

3. 线条熏染绘制

线条同样可作为熏染绘制的对象，在形体塑造中，线条不仅是形体的轮廓，还可被理解为形体面衔接和转折处的细小面。对线条进行细致的熏染处理，可以有效地强化画面的细腻感和深度，增强整体的视觉效果。将图层的"锁定透明像素"功能和剪贴蒙版技术灵活地应用于线条的熏染绘制，可以为创作者提供极大的帮助（见图5.2.5）。

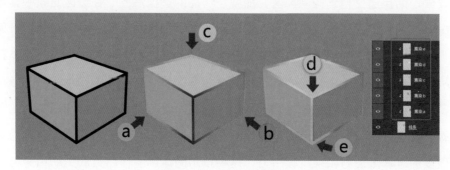

图5.2.5　线条熏染绘制

这样的绘制理念与操作使得线条已经脱离了原有用来描画形体的通常概念，将线条变成了造型锐利的"圈影"效果（见图5.2.6）。一旦创作者领会了这种方法，会对熏染绘制有更加全面的认识，便会在线条绘制和圈影绘制的过程中有的放矢。由于线条图层的熏染面积较小，通常采用对线条图层锁定透明像素并直接在当前层进行熏染绘制即可（见图5.2.7）。

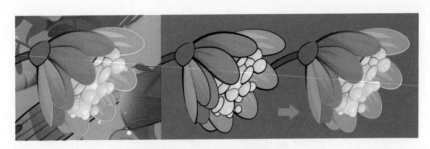

图5.2.6　线条熏染的高光效果

图5.2.7　局部线条熏染与固有色融合

4. 选区熏染绘制

选区熏染技术是一种高效的数字绘画方法，主要依赖于套索工具 🔾 来创建特定的选区，并配合具有柔边效果的画笔工具进行喷涂式熏染。这种方法不仅提供了一定的渐变效果，而且通过精确控制选区，加强了作品的造型意图。在选区熏染中，创作者根据实际画面的形体塑造需求灵活地绘制选区，然后从选区的一侧开始进行熏染绘制。这样操作可以确保熏染效果既有渐变的柔和感，又能够强化画面的形体和结构，从而更加准确地表现作品的细节和深度。选区熏染在实际创作中的应用非常灵活和多样，它允许创作者在选区的形状和大小上有更多的自由。与常规熏染相比，选区熏染在强化画面形体塑造的同时，还进一步增强了作品的质感和光感，为创作带来更多的艺术表现力和视觉吸引力，这种技术的运用使作品更加生动和富有层次（见图5.2.8）。

图5.2.8　选区熏染效果

5. 熏染画笔模式调整

在熏染绘制过程中，画笔模式的选择对于最终的视觉效果至关重要。"正常"模式是熏染环节中经常采用的画笔模式，它可以实现标准的色彩叠加和混合。有时为了满足特定的画面表现需求，需要改变画笔模式。"颜色减淡"模式是一种在特定情况下非常有用的替代模式。当使用相同的前景色进行熏染绘制时，"颜色减淡"模式能够比"正常"模式产生更加透亮和明亮的效果。这种模式在处理光源效果、高光或者想要强调的区域时尤为有效，它可以增强画面的光感和层次感（见图5.2.9）。

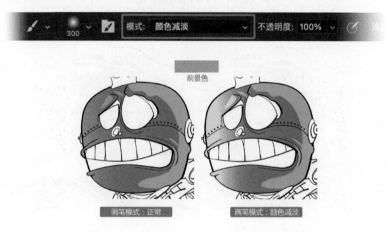

图5.2.9 "颜色减淡"模式的熏染效果

在相同图层上进行熏染绘制时，采用不同画笔模式的先后叠加是一种有效的技巧，能够创造出更加丰富和层次分明的效果。例如，首先使用"正常"画笔模式进行基础熏染，这为画面设定了基本的色调和形状；然后切换到"颜色减淡"模式，并适时调整画笔的大小，可以在图形的边缘或高光区域进行二次熏染。这种操作可以使最终的熏染效果更加鲜明和明亮，同时增强画面的立体感和深度。特别是在处理光影和反光效果时，应用"颜色减淡"模式可以显著提升视觉效果的真实感和动态感（见图5.2.10）。

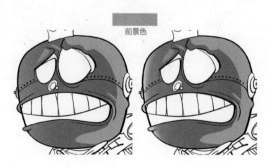

图5.2.10 不同画笔模式先后叠加的熏染效果

在熏染绘制过程中，特别是在处理人物脸部细节如腮红效果时，画笔工具的模式选择至关重要。使用"正片叠底"模式熏染可以有效保护画面中原有的圈影效果，从而在增加新的色彩层次的同时，保留形体的立体感和深度。在完成腮红的基础熏染后，切换画笔工具到"颜色减淡"模式，调整画笔大小，可在脸颊部位细致地添加高光。这种高光的添加不仅是色彩上的调整，而且是在视觉上引入了"点"的元素，使画面效果更加细腻和晶亮（见图5.2.11）。

图5.2.11　脸部熏染的画面效果

在线面结合系列流程中，快速平涂阶段通常为每次上色创建新图层，导致图层列表中存在多个上色图层。在熏染阶段，可以合并相似图层并锁定透明像素，进行统一熏染，或根据需求锁定单个图层进行熏染。例如，对图5.2.12中的头发熏染，未经圈影处理，直接在快速平涂图层上进行，既表现了头发形体，又突出光感。熏染不仅补充圈影，也有助于形体塑造，需考虑画面形体关系，有针对性地应用。

图5.2.12　熏染与快速平涂效果的结合

5.3 光效熏染绘制技法

光在绘画中扮演着至关重要的角色，尤其是在数字绘画的线面结合技术中，它是塑造物体形态、质感、空间和氛围的关键。在熏染环节，对光感的表现尤为关键，通常在熏染前需要对画面中的光源环境进行详细分析。以图5.3.1所示的场景为例，两个卡通风格的蚂蚁在夜晚的蘑菇灯下用餐，蘑菇灯充当了画面的主要光源。在这样的光源环境下，有必要对圈影效果进行细致的熏染处理。

图5.3.1　圈影阶段的画稿效果

1. 多样化柔边笔刷应用

在熏染绘制过程中，对"柔边"笔刷的应用可以更为多元和有创造性。除了传统的圆头柔边笔刷，尝试使用具有特定肌理效果的笔刷进行光效模拟，能够为画面增添更丰富的视觉效果和纹理感。例如，图5.3.2中展示了两种不同类型的柔边笔刷的应用。图a使用的是常规的圆头柔边笔刷，而图b则使用了具有一定肌理效果的柔边笔刷。尽管两者均在圆形基底图层上创建剪贴蒙版图层并进行熏染绘制，但不同的笔刷产生的画面效果截然不同。肌理笔刷的使用特别适合于模拟更为复杂的光影效果和质感表现。如在模拟自然光源、反光或特定材质的光效时，肌理笔刷能够提供更细致的光影变化和质感表现，增强画面的深度和真实感。

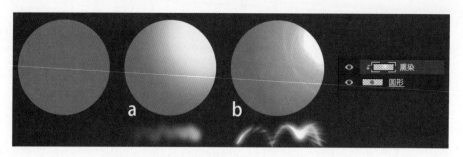

图5.3.2 常规笔刷和光效肌理感笔刷效果对比

2. 高级混合模式和图层样式设置

在围绕画面光源进行光效熏染时，由于涉及多个图层，使用动作命令来自动完成某些步骤可以极大地提高效率。例如可以通过动作命令记录光效图层的创建过程，从而简化重复操作。操作步骤如下：首先在图层面板中选择一个已经具有圈影效果的图形图层

图5.3.3 新建动作面板

（如画面中的"叶子"图层），单击动作面板的"创建动作"按钮，然后在新建动作对话框中将新动作命名为"发光图层"，单击"记录"按钮开始记录（见图5.3.3）。

按组合键Ctrl+Alt+G新建剪贴蒙版图层。单击图层面板下的"添加图层样式" 按钮，并在弹出的菜单中选择"混合选项"。在"图层样式"面板中，将混合模式调整为"线性减淡（添加）"模式，同时去掉"透明形状图层"选项，设置完成后单击"确定"按钮（见图5.3.4）。至此发光图层的创建动作全部完成，最后单击动作面板的"停止记录"按钮结束录制。

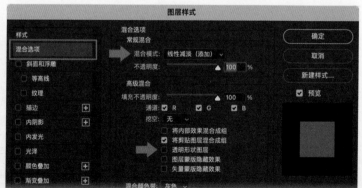

图5.3.4 设置"图层样式"面板

"图层样式"面板中线性减淡（添加）可通过将上面图层的色彩值与下面图层

的色彩值相加来工作，结果通常是一个更亮的颜色。当"透明形状图层"选项被选中时，意味着如果图层中有部分透明或完全透明的区域，这些区域不会显示图层样式或效果；不选该选项时，图层样式会考虑整个图层，包括它的透明部分。

3. 光效画笔的设置与色彩选择

使用画笔工具 ✐ ，选择常规圆头柔边笔刷或具有一定散射效果的纹理笔刷，将画笔属性栏中的模式同样调整为"线性减淡（添加）"，它具有亮度叠加，高光强化的作用，并与之前设置的图层"线性减淡（添加）"模式形成有效呼应，效果更加靓丽（见图5.3.5）。

图5.3.5 设置光效画笔

结合画面光源，调整发光画笔绘制颜色，注意在拾色器中，当前颜色拾取位置最好与拾色器面板最右上角位置留有一定距离，这样做的好处就是能够确保该色彩的RGB数值都不为0，这样可以充分发挥光效叠加效果（见图5.3.6）。

图5.3.6 光效前景色拾取

通过以上的设置，结合实际绘制需求，可通过"动作"面板中的"发光图层"动作命令，对特定图形图层快速添加剪贴蒙版图层，相关发光效果的图层样式也一并高效完成了批处理设置，在此基础上便可专注于光效绘制了。画笔笔刷大小及行笔距离、往复次数可按照实际效果灵活掌握。在背景层和蘑菇灯之上也可分别以点绘方式画一些发光的亮点，画面中加入"点"的因素会变得更加灵动细腻。

创作者需要考虑如何围绕这个中心光源展开熏染，以加深画面的光影效果和层次感。熏染不仅要补充和强化圈影环节的效果，还需根据光源位置和强度，精准调整熏染的强度和范围，使画面中的蚂蚁和周围环境在光线的作用下显得更加生动和立体。通过这种对光感细腻处理的熏染技术，可以大大提升画面的艺术效果，使得数字绘画作品不仅在视觉上吸引人，同时也能有效传达场景的氛围和情感（见图5.3.7）。

图5.3.7 光效熏染绘制效果

掌握了光线熏染效果的绘制方法后，有经验的创作者在特定主题的数字绘画创作中便可将光线因素也纳入整理画面构思中来。光感对比度强，光效灵动莫测，很容易形成有意识的视觉中心，同时对画面语言的表现也更加丰富。光线熏染以特定光源为中心，周围会形成一定的环境光影响，从而提升了色彩之间的相互联系性，起到了穿针引线的作用（见图5.3.8）。

图5.3.8 光效的视觉中心作用

小结

本章重点介绍了熏染绘制技法，涵盖了熏染的基本概念和一系列综合技法。这些内容不仅包括熏染在色彩补充上的作用，还探讨了渐变工具与熏染概念的有机结合，以及线条熏染、选区熏染和熏染画笔模式调整等技巧及应用理念。重点强调的是光效熏染绘制技法，这是一种能极大提升画面效果的方法，它在整个线面结合绘制流程中扮演着至关重要的角色。熏染绘制不仅是线面结合绘制流程的重要收官步骤，而且作为一种相对独立的技术，可以与多种其他绘制技法相结合。编写本章的目的是希望读者能够深入理解这些熏染技法，并能够灵活地将它们应用到自己的创作中。通过运用这些技法，读者将能够提升自己的绘画技巧，创造出更加丰富和生动的作品。

作业

按照线面结合绘制序列的基本绘制步骤：线稿、平涂、圈影、熏染，以元宵节为主题，进行插画创作，A3画幅，分辨率300dpi。

第 6 章

面线结合绘制技法

数字绘画，作为一种新兴艺术形式，能够融合传统艺术的抽象、变形与再创造，为观者带来全新的视觉感受。数字绘画可以采用符号、图示和几何图形等直观的视觉元素，并利用颜色、质感和层次来丰富画面内涵。其魅力不仅在于其技术手段，还更多地体现在创作者的精神与思想中。数字绘画创作者在实践中不断探索、丰富和创新，使作品具备了无尽的可能性。

绘画，作为人类表达情感和创意的古老艺术形式，随着技术进步和文化演变，逐渐形成了丰富多样的绘制序列和方法。在众多的绘制方法中，"线面结合"与"面线结合"各自展现了独特的魅力和艺术价值。从古至今，创作者常常习惯于用线条来勾勒出物体的基础轮廓，这些精确的线条，如同乐曲中的基础旋律，为画面赋予了清晰的结构和层次。在这样的序列中，创作者很容易沉浸于每个细节的勾画，一笔一画都充满了深思熟虑的艺术情感。但是，这种从细节到整体的方法，虽然能创造出富有深度的作品，但往往需要投入大量的时间和精力。面线结合绘制是一种平衡面和线的艺术表现形式，在绘制步骤上先以块面图形作为主导进行主体造型、拓展画面内容，再以线条作为补充的绘画方式，用于增强这些面的定义，提供结构上的支持，同时也能够引导细节视像，对块面结构进行串联。通过这种方法，创作者能够创造出既具有符号象征意义又有丰富视觉层次的数字绘画作品（见图6.0.1）。

图6.0.1 线面结合与面线结合画面的比较

　　面线结合的风格表现借鉴了扁平化插画风格，扁平化风格是一种简洁而注重功能的设计手法，它摒弃了复杂的纹理、阴影、梯度和其他三维效果，转而使用鲜明的颜色和简单的形状来传达信息。这种风格起源于20世纪50年代和60年代的现代主义设计，但在最近的几年中，特别是随着移动终端和应用程序设计的崛起，它再次受到了广大设计师的青睐（见图6.0.2）。

图6.0.2 扁平化插画风格

　　面线结合绘制序列在数字绘画中表现了一种颠覆常规绘制序列的艺术创作方法。这种绘制方法强调了块面的先行，进而再进行线条的细化，这与传统的"线面结合"思维模式恰恰相反。面线结合绘制起始于"面"的绘制，使创作者首先关注整体的块面色彩和结构关系，而不是过早地陷入细节。这有助于快速捕捉物体的总体形态和氛围。"面"的绘制方式允许创作者在整个绘制过程中进行大量的调整和修改。由于没有线条的限制，创作者可以更加灵活地调整形状、颜色和光影。在块面绘制完成后，

线条可以为画面增添更多的细节和精确度。这种后期的细化过程使作品既具有丰富的
形态感又保持了整体的和谐。由于面线结合颠覆了传统绘画序列，因此鼓励创作者探
索和实验新的表达方式。随之出现了一系列独特的艺术风格和表达手法。对于快速草
图、概念设计或动态场景的捕捉，从块面开始可能更有助于快速构建画面，捕捉动态
和氛围（见图6.0.3）。

图6.0.3　面线结合的传统题材插画表现

　　在现代插画创作中，面线结合的绘制方式正在逐渐受到更多创作者的青睐。它不
仅能够帮助创作者快速完成作品，还能提供一个全新的创作视角。通过这种方法，诞
生了越来越多具有创新性和多样性的艺术作品，使传统绘画主题表现充满了现代感和
创意，这种崭新的绘制序列为数字绘画创作探寻引领了新的方向。

6.1　面线结合常规绘制序列

本节选择一个结构精练的案例展示面线结合常规绘制序列。

1. 块面绘制

在面线结合的绘制技法中，套索工具是造型绘制的主要工具，操作方式与圈影

绘制技法中的选区绘制非常相近。由于套索工具操作的特性，其选区绘制不仅具有强烈的构图感，也容易创造出具有明确概括性和符号化意象的图形。按照画面表现的需求，在选区绘制过程中可灵活配合Alt或Shift键对选区进行加选、减选，不断丰富图形变化（见图6.1.1）。

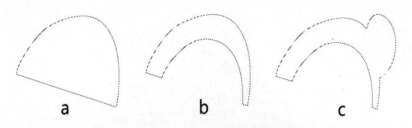

图6.1.1 选取叠加造型绘制

2. 块面上色

选区绘制后，可调整前景色，使用油漆桶或按快捷键Alt+Delete进行前景色平涂。也可分别调整前景色和背景色，选择渐变工具（G键）进行上色。颜色填充后，可结合画面风格的需要，对现有的色块进行圈影处理（见图6.1.2）。

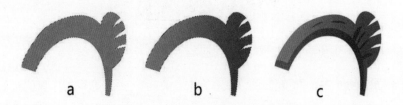

图6.1.2 渐变色基底及圈影绘制

3. 线稿绘制

在PS中将当前绘制另存为JPG文件，并在CSP中打开该文件新建图层进行线条绘制。线条的具体位置并不局限于画面图形之内，图6.1.3中也有部分线条画在图形以外的位置。在面线结合绘制技法中，不同的线稿可对应各自图层，方便后续步骤操作。在CSP中线稿绘制文件可保存为PSD文件。

4. 线稿原位粘贴

在CSP中进行线稿绘制时，之前绘制的图形文件始终处于图层序列的最底层作为位置参考，线稿绘制的造型和位置都与参考图像息息相关。在PS中打开线稿PSD文件

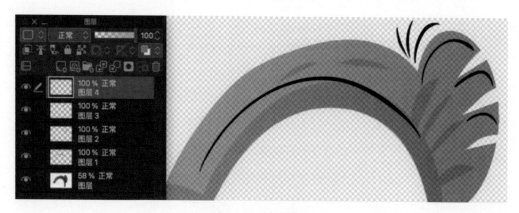

图6.1.3　线条添加

后，需将每个图层的线稿复制粘贴到之前的色块绘制文件中，同时保持在原文件中的相对位置，进行原位复制粘贴操作。

按快捷键Ctrl+A对线稿文件全部选择；在图层面板中选择相关图层作为当前图层，按快捷键Ctrl+C进行复制；回到之前的色块绘制的文件，按组合键Shift+Ctrl+V进行原位粘贴。

5.线条加工绘制

结合线条与色块图形的位置关系，对原位粘贴的线条进行加工绘制。根据画面需要，可为部分线条创建快速剪贴蒙版。本例只是一个简要的演示案例，图层对应关系清晰明确，在实际绘制中图层数量有时能达到上百层甚至更多，这就要求创作者注意线条的蒙版图形必须对应位置相符的色块图层。可将线条图层锁定透明选区，用柔边笔刷对线条进行一定的熏染绘制，使线条的部分颜色与现有色块图形的色彩相融合，并在统一中求变化。根据画面需求，一些线条也可位于关联色块图层位置之外，不在快速剪贴蒙版的范围（见图6.1.4）。

图6.1.4　线条渐变效果绘制

6.2 插画《夜行人》综合技法绘制

　　数字艺术的创作与表达深受符号学和语义学的影响，其中符号与语言在艺术创作中占据了不可或缺的角色。这种理论视角为我们提供了一种独特的方式来解读数字艺术中的符号与表现，它不仅标志着一种创新的艺术语言和表达形式的诞生，同时也是对传统符号和语言的一种深入的解读和重新构造。本节以插画为例，生动地描述了一位旅行者在深夜中决然前行的画面。图6.2.1所示的范例作品描绘了一位在深夜中大步流星奔赴目的地的旅行者，面线结合的绘制技法被巧妙地运用，形成了图形化的绘制意向与富有符号韵味的美学风格。作品在面线结合的技法表现上具有一定的代表性，这种特有的扁平化艺术表达方式配合崭新的系列绘制流程，将为读者开启更加宽阔的数字艺术表现之门。

图6.2.1　《夜行人》成稿效果

1. 创意草图绘制

　　草图在数字绘画中起到了不可忽视的作用，它是每一幅作品背后的核心思路与初衷。在绘制草图阶段，创作者通过速写的方法不断尝试与探索，从中确定造型、构图以及其他画面中的关键要素。这些草图尤其在描述人物动态时，有着至关重要的作用。面线结合的绘制方法在草图阶段应具备一定的开放性和灵活性，这样可以为后续的绘制工作，特别是色彩和块面的处理，提供更多的启示与灵感（见图6.2.2）。

图6.2.2 草图效果

2. 色块层次构建及色彩调整技巧

人物绘制通常从头部开始。基于草图的初步构想，可以运用套索工具 🅿️为帽子进行图形选区绘制，绘制方式与圈影选区绘制相似，这使得造型绘制更加简洁概括，也让绘制物体具有一定的符号意向。选区绘制后，可调整并填充前景色的色彩，而后去掉选区。至此，帽子的一部分的初步块面图形就绘制完成。

在处理色块时，要避免在同一图层中混合绘制，每个图形要尽可能放置在各自图层中，独立的色块图层将为后期的非线性编辑带来很大的便利。按照这种方法，快速对帽檐及角色脸部进行色块绘制。仕脸部绘制时，使用了渐变工具 ⬛对选区范围进行上色，既明确了色相又赋予一定的微妙色彩关系。这种选区与渐变工具配合使用的方式在特定风格表现的数字绘画创作中非常实用，在后续的案例介绍中还将继续拓展。脸部整体色块绘制完成后，再通过组合式圈影技法对脸部大的光影结构进行概括式绘制（见图6.2.3）。

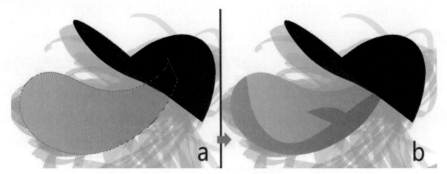

图6.2.3 面块圈影绘制

结合以上方法，进一步对图6.2.4中角色的鼻子（a）、耳朵（d）、头发（b、c）和鬓角（e）进行色块绘制。头发的部分色块同样采用了渐变色填充，使其更加富有层次和立体感。为确保每部分后期的细致处理，以上操作仍将每个绘画单元都放在独立的图层中。绘制不是一蹴而就的过程，而是通过不断的叠加和丰富元素来逐渐构筑画面造型。在这个过程中，创作者需在当前造型的基础上逐步推演和叠加。在本例中，将脸、鼻子和耳朵图层合并为一个整体，利用圈影绘制技法统一进行光影处理，与帽檐形成正确的光影逻辑。

图6.2.4　色块图形造型组织

在草图的指引下，使用相似的方法对角色的躯干和四肢进行色块绘制。针对面积较大的色块选区，均使用渐变工具███进行由前景色到背景色的线性渐变上色（见图6.2.5）。

图6.2.5　线性渐变工具设置

在图6.2.6所展示的拾色器中，实际上是前景色与背景色两个拾色器的截图，为了更为直观地对比前景色与背景色的调节差异，特意将它们重叠。调色时通常基于前景色来微调背景色，注意关注色相的变化。从图中可以看出，前景色的色相标记为a（绿色），而背景色的色相被调整为b（与绿色相邻的色相）。确定了色相之后，需要对背景色的取色点进行调节。一种常见的方法是参照前景色的取色点位置a1，调整至其右上、右下、左上或左下的位置，这样可以确保前后两色之间的色相变化细腻，且在明度和纯度上存在差异，形成色彩的冷暖对比和明暗对比。但值得注意的是，这只是一种推荐的方法。在实际操作中，创作者应该在这些建议的基础上发挥自己的主观创造性，勇于尝试和调整，以达到最佳的绘画效果（见图6.2.6）。

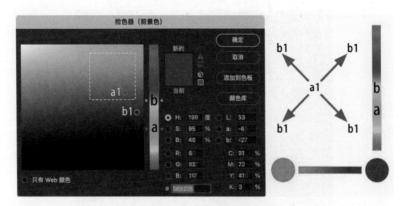

图6.2.6　渐变取色方法

在掌握了基本的色彩调节技巧后，可以开始利用这些方法，结合草图的设计思路，对角色的躯干和四肢进行色块绘制。对于较大的色块区域，采用渐变填色可以让角色更为生动和立体，相比于单一的平涂方式，这样的渐变填色方式更容易借助丰富的色彩关系形成一定的视错觉，拓展了画面的色彩维度，以这样的色彩为基调，后期若进行色相饱和度的调整或添加圈影绘制，画面表现将更加丰富（见图6.2.7）。

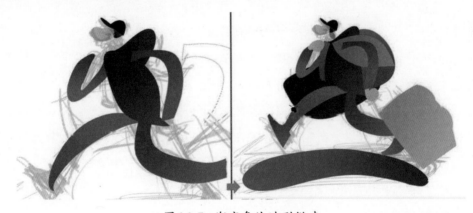

图6.2.7　渐变色块造型搭建

在当前色块图层的基础上，通过套索绘制、色彩渐变或平涂填色、圈影、熏染等步骤快速形成整体的画面意象。在渐变色块面中进行圈影绘制使画面的光影效果更加丰富，加强的色彩块面的体量感。圈影的造型风格同样要以概括的方式与套索绘制的色块造型相匹配，不应面面俱到，为后续线条的细节绘制预留一定的空间。画面整体以"面"为先导的方式进行塑造，其效率要高于线条塑造形体的绘制方式。这种"面"的绘制方式并不拘泥于细节，更多地关注整体的动态和造型趋势，创作者在创作实践中有更加自由的绘制感受，也正是因为这种新的绘制方式形成了独特的造型风格（见图6.2.8）。

图6.2.8　添加圈影效果

3. 完善线稿细节

在PS中完成"面"的绘制后，为方便在CSP中进行后续的线稿细化，可以将当前画面保存为JPG格式的参考图片。由于参考图片的尺寸与原始绘制文件相同，线稿绘制过程中的定位将更为精准。在图层面板中，适当减少参考图片图层的不透明度，可以更好地观察线稿绘制的进展。线稿绘制是对画面细节的进一步完善。每条或每组线条都有其特定的符号意义。绘制时，为了确保每条（或每组）线条都保持其独特的画面意象，应为它们创建独立的图层，而不是将所有线条都绘制在同一个图层上。推荐将文件保存为"Photoshop大型文档"（PSB）格式，以保留图像的所有细节和特性（见图6.2.9）。

注意： PS 中的 PSB 格式，也称为大型文档格式，支持高达 300 000 像素的超大图像文件。此格式兼容 PS 的所有功能，能够完整保存图像中的通道、图层样式和滤镜效果。尽管 PSB 文件只能在 PS 中打开，但它被设计和影视制作公司广泛应用。

CSP的线条抖动修正功能是亮点，可以帮助创作者绘出流畅而有风格的线条，与参考图层的色块造型相协调。例如，在图6.2.10中，鞋底（a）、褶皱纹理（b）、鞋带（c）和提带（d）都在CSP的各自独立图层，合理的图层分配在PS后期将更为便捷。

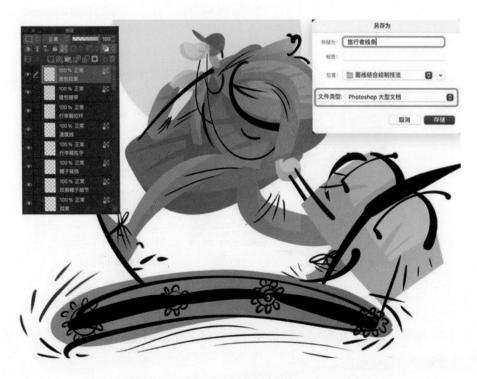

图6.2.9　CSP线条绘制与图层分布示例

　　具体来说，鞋底和褶皱纹理线条在后续操作中将被设为"鞋"的快速剪切模板。对于这类线条，可以采用"甩线对位"的绘制方法，并适当超出参考图层的范围。而鞋带和提带作为独立图层放在鞋面上方，绘制这些线条时需要更精确和细致，确保它们的位置正确。以上这些要点具有一定的代表性，需要创作者思路清晰，要预想到线条后期加工的预案以及上下图层的遮挡关系，这样在线条绘制阶段就更加主动。

　　我们对面线绘制技法进行了分类和整合，将其划分为剪贴蒙版线、外压线和局部遮挡线三种主要类型。

　　（1）剪贴蒙版线。当鞋底（a）和褶皱纹理（b）两组线条被原位粘贴回原始绘制的文件时，都被整合进鞋部图形层（基底图层）作为剪贴蒙版。这种线条称为"剪贴蒙版线"。在绘制这类线条时，它们的起点或终点都可以超越"基底图层"的边缘，绘制时可以采用甩线的技巧，让线条更具动感。在处理基底图层的边缘时，要有明确的认知。对于如何应用剪贴蒙版，也应该有事先的规划和策略。

　　（2）外压线。当鞋带（c）和提带（d）的线条被原位粘贴回原绘制文件时，它们会自动置于当前图层之上。在绘制这些元素时，可不必考虑与原参考基底图层的遮挡关系，它们在画面中将独立呈现，独立应用。

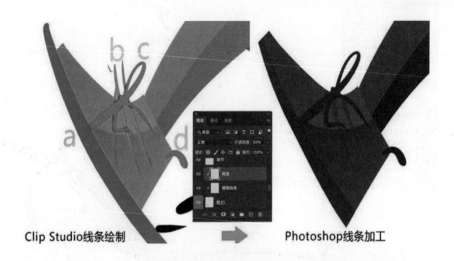

Clip Studio线条绘制   Photoshop线条加工

图6.2.10 外压线效果

（3）局部遮挡线。当绘制的线条需要在特定位置原位粘贴时，首先选择前方需要遮挡的图层，然后使用快捷键Ctrl+[将新粘贴的线稿层下移一层。以图6.2.11为例，先选定角色的胳膊图层，随即粘贴背带线条，使用快捷键Ctrl+[可以轻松将"背带线条"层移至胳膊层之下。在进行局部遮挡线的绘制时，可以采用甩线对位的方法，确保在起初的绘制阶段就明确哪些部分会被遮挡，以及哪些部位将被展现。这样的方法不仅使绘制过程更加有序，而且能确保线条更加流畅和有力。

图6.2.11 线条加工合成效果

4. 线稿的原位复制

在完善线稿细节中提到了由于参考图片的尺寸与原始绘制文件相同，线稿绘制过程中的定位将更为精准。当CSP线稿文件绘制完成后，会在PS中打开线稿文件，将其中的线稿逐层原位复制粘贴到最初的绘制文件中，具体方法如下。

使用移动工具 ✛ 在属性栏中勾选"自动选择"，这样可以在线稿绘制文件中直接单击特定线稿，在本例中直接单击"鞋带"，图层面板会自动跳转至鞋带线稿所在图层。按快捷键Ctrl+A进行全选，再按快捷键Ctrl+X剪切。回到之前的绘制文件，按组合键Shift+Ctrl+V原位粘贴，这样可以确保粘贴对象与复制对象位于同一位置。这一点对于线稿导入至关重要（见图6.2.12）。

图6.2.12　线条原位粘贴示例

线条绘制不仅是创作的开始，而且随着画面内容的丰富，创作者会根据特定元素产生新的想法，从而优化原有的色块造型。例如，图6.2.13中的拉杆箱被添加了"绑带"元素。为了展现绑带的绷紧效果，特意在箱子边缘绘制了变形效果。a、b两个线条各自独立于不同的图层上。在PS中，将它们原位粘贴到各自图层，锁定其透明像素，并用附近的色彩进行熏染处理。完成这些步骤后，再将这两个新的线条图层与原色块图层合并，最终得到完整且经过优化的拉杆箱图形。

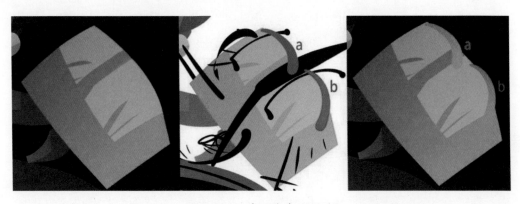

图6.2.13　外压线色彩融合

为了更清晰地展示在CSP中所绘制的拉杆箱的细节，我们对不同图层的线条进行了色彩标注。与之前的操作相同，在PS中将这些线条原位粘贴到最初的块面绘制文件中，并形成各自独立图层。根据物体的结构，将拉杆箱的图形图层作为部分线条的快速剪贴蒙版。绑带（a）在被置入蒙版后，可配合该层的锁定透明像素功能 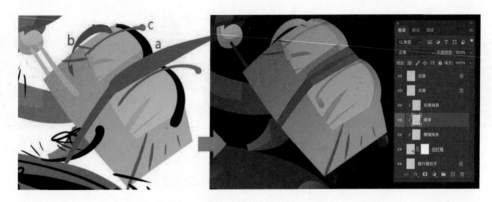，首先进行平涂上色，然后添加圈影绘制，以增强三维效果。对于拉链线条（c），在上述操作的基础上适当降低了此图层的透明度，使其与原有的拉杆箱色块更好地融合。为了确保视觉上的连贯性，将"旅行箱拉手"线条（b）放置在拉杆箱图形图层之下，从而使其符合直观的透视感觉。总之，所有的线条细节都按照特定的逻辑进行了处理，并灵活利用了图层关系进行一一对位加工（见图6.2.14）。

图6.2.14　线条加工合成效果

在画面中，通过增加边缘位置的线条，能够进一步丰富并完善原有的色块造型。例如，a、b、c和g的位置分别展现了角色防寒服坎肩、帽子的小装饰带、背包拉链以及棒球帽的其他装饰元素。这些线条造型既灵动又具有标志性，为画面带来明确的图形意象，丰富了人物的边缘造型。

这些细节描绘在整体构图中起到了"点"的作用，成为了"面"和"线"的完美补充。在后期的上色加工中，可以灵活地选择与主体色块邻近或互补的颜色，以增加画面的活跃度。此外，画面中的e、d、f位置上的褶皱线条更是与原有的造型完美融合。在后期上色时，我们勇于选择与原图形有较大差异的颜色。为了实现色彩的融合，可适当降低图层的不透明度，从而使色彩既统一又多变（见图6.2.15）。降低不透明度的方法在创作实践中非常实用，请大家多尝试。

在线条绘制中，要注重笔触之间的对比关系，不断丰富画面构成要素。在图6.2.16中，相较于线条b，线条a已经呈现出"点"的画面语言，而线条c则呈现为条状的线面，这是相对的视觉意象，丰富了画面符号的视觉表达。

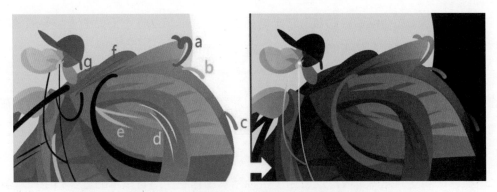

图6.2.15 线条对画面图形元素的丰富效果

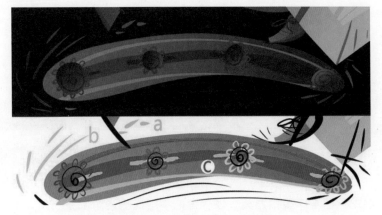

图6.2.16 线条"面"的效果

最后为当前绘制添加自然饱和度、亮度/对比度、色相/饱和度调整图层，对现有画面色彩进行统一调节。在前期绘制中，对面积较大的基础色块进行渐变填色，非常注重渐变a、b两色的色相、纯度及明度的差异性，为最后调整阶段效果的提升奠定了基础。"亮度/对比度"调整图层可强化渐变色两极明度对比效果的提升。而"色相/饱和度"可使渐变色彩更加丰富、艳丽（见图6.2.17）。

图6.2.17 调整图层设置参数

这个案例整体的绘制结构短小精悍，面线结合的技法应用具有典型性，非常适合进行案例讲授。面线结合绘制技法由于选区绘制工具的特殊性，使面的造型更加简单概括，再加上面线绘制特有的绘制序列，推动了整体画面表现风格趋向扁平化，是近年来在数字绘画应用领域非常受欢迎的一种风格。它以简洁、清晰的视觉元素和特有的色彩意向为特点，去除了现实中的质感、深度和细节，看似简单又高级感十足；在动画与影视领域，一些扁平化风格的动画短片，以其独特的视觉风格深受观众喜爱。此外，扁平化设计使图标和徽标更加简洁明了，易于辨识；在艺术和插画领域，扁平化风格也逐渐受到追捧，被广泛应用于各种艺术创作中。随着技术的进步和用户审美的变化，扁平化设计可能会与其他风格融合，形成新的设计趋势，并可能在未来继续发展和演变。

6.3 插画《舞龙》综合技法绘制

舞龙是中国传统的民间表演艺术之一，通常在春节、庙会或其他重要节日和庆典中进行。舞龙象征着祥瑞和力量。表演者们手持龙的各个部分，如龙头、龙身和龙尾，通过灵活的身体动作，配合鼓点和音乐，使"巨龙"活灵活现地腾飞舞动。传统的龙舞需要多人合作，每人都控制着龙身的一部分。龙的"骨架"通常由竹子或金属制成，并用各种材料装饰得五颜六色。表演过程中，舞龙者会模仿龙在水中或空中的各种动作，如"龙探水""龙升天"等。舞龙在中国文化中有着深厚的历史背景，它不仅是一种表演艺术，更是一个载体，传递着人们对于和谐、繁荣和好运的祈愿（见图6.3.1）。

在寻找"舞龙"主题数字插画的灵感过程中，经过深入了解浙江余杭地区的农民画和河北玉田的彩塑，为创作提供了丰富的视觉和文化素材。这两种艺术形式虽然风格迥异，但都深刻地体现了民间美术的独特魅力。余杭地区的农民画以其鲜艳的色彩、简练的线条和概括的形式而著称，给观众带来了独特的视觉体验；河北玉田的彩塑则以其独特的制作技艺和表现风格为人熟知，为数字插画创作提供了新的视角和灵感。这两种民间艺术形式虽然在风格和技法上有所不同，但都在细节与整体之间展现了民间美术的"拙劲"和"文质彬彬"。它们的概括性和符号化不仅使作品具有更强的表现力，也为"舞龙"这一主题提供了丰富的表现手法和创作灵感。简洁而充满力量的表现形式，为"舞龙"主题的数字插画创作提供了一个既传统又现代的视觉语言，从而创作出既富有民间艺术韵味又具有现代审美特色的作品（见图6.3.2）。

图6.3.1　《九龙闹春》系列插画

图6.3.2　浙江余杭地区农民画和河北玉田彩塑示例

在先前的绘制实例中，运用了单体选区绘制结合渐变色的技巧来创造一个独特的元素单元。这种方法是对单个元素的精心设计和色彩熏染，随后通过复制该元素并进行层次化的组合，创造出独特的视觉效果。这种方法的关键在于元素的重复和组合。通过复制单一元素，然后将这些复制品按照特定的排列和层次放置，可以创造出一种视觉上的节奏感和动态。当这些元素逐层堆叠时，每层的色彩和形状相互作用，共同创造出一个更加复杂、丰富且细腻的整体画面（见图6.3.3）。

图6.3.3　渐变色块的罗列示例

利用选区绘制技术并结合Shift键可以在同一图层上同时创造多个分离的图形单元，对于构建复杂的画面组合，这是一种高效且灵活的方法。这些单元之间保持一定的间隔，可形成视觉上的和谐与均衡。将每个单元统一施以渐变色，绘制完毕后取消选区，这一步骤是为了保持图层的整体性和清晰度。通过复制并重新排列这样的图层，可以增强画面的"群组"视觉效果。当这些单元相互交织时，它们共同构成了一个更加复杂且有层次感的整体画面（见图6.3.4）。

图6.3.4　图层组的罗列效果

在初步构建龙头的造型时，选择了以面为先导的塑造策略，巧妙地结合渐变色块进行元素叠加与组合。这里包含了单独的色块元素和集群式的色块组合。为了明确表示，在图6.3.5中特地为集群式的色块图层添加了白色背景，帮助读者进行区分和理解。

图6.3.5　当前图层的元素分离策略

　　绘制龙头造型主要从龙嘴和龙眼两个核心部位逐步展开。利用渐变上色技巧，巧妙强化了上下图层间的色彩明暗变化，实现了层次之间的和谐过渡和相互映衬。这种以面为先导的造型策略确保了造型与颜色的同步发展，迅速塑造了整体的图形构想。龙嘴部位的线条是图形塑造过程中阶段性的绘制添加。通过对照左右图，可以看到线条以外压线方式巧妙地勾勒出了龙嘴的基本形态，展现其流畅的轮廓，充分体现了线条绘制的魅力。龙牙的大部分都是通过选区填色方法完成，提高了绘制效率，与部分通过线稿平涂的龙牙形成呼应。位于龙嘴上方的红色绒球，更是大胆融合了红绿色的过渡色。在使用渐变工具█时，结合物体形体特点，灵活应用不同的渐变模式。例如，绒球的渐变就采用了径向渐变模式（见图6.3.6）。

图6.3.6　色块叠加造型塑造

　　为配合当前的面块塑造，建议进行逐步的线条绘制。在图6.3.7中已经根据不同的线条所在图层进行了颜色区分，可以参考右图中原始位置的线稿。线稿的绘制有助于当前面块造型的细化和增强。在原位粘贴线稿时应注意图层的层级关系，确保每条线稿都置于相应的色块图层上。

图6.3.7　线条以独立图层一一对应

　　随着画面绘制逐渐完善，可以为特定的色块创建剪贴蒙版，进而添加熏染技法和纹理笔刷绘制，这样有助于增添画面的细节层次。对简化的图层部分熏染，可启用"锁定透明像素"功能，在当前图层上直接添加熏染。在绘制过程中，除了要注意色相的变化，还需考虑与当前图层颜色的明暗度变化。对原位置粘贴的线稿，可以利用"锁定透明像素"功能，对线稿进行颜色填充，从而提高线稿的明度，进一步突出画面细节的精致程度。整体的造型构建是一个阶段性的过程，在现有的色块基础上，可以继续添加过渡色块造型，甚至可以考虑对先前的基础色块进行更新和优化（见图6.3.8）。

图6.3.8　剪贴蒙版图层绘制

　　为满足画面的具体呈现需求，有时会使用最初的色块绘制，起到框架构思的作用，为更精细的线稿绘制提供参考。例如，画面中舞龙的男孩，其脸部线条就是基于此前绘制的色块而完成的。男孩脸部的线稿以外压线的方式直接原位粘贴于脸部图层之上，并对脸部原始图形的多余部分进行了擦除（见图6.3.9）。

图6.3.9　外压线对色块图形的反作用示例

运用面线相结合的绘制策略，有时局部还会融入一些的线面结合技法。在图6.3.10中，分别描绘了绣球、飘带、舞龙锦带和男孩腰带，这些线条都是闭合线条。绣球和腰带采用了外压线技术，线条更为严谨细致；而飘带和舞龙锦带线稿则为部分遮挡线，特别在前景被遮挡的部位快速增加了绘制进行线条闭合（位置a、b、c）。当这些线稿被原位粘贴至原始画稿时，均使用了快速涂抹、熏染等技巧，效果与整体风格融为一体。此外，还迅速在绣球和舞龙身上使用套索填色的方式绘制了红色的丝带（位置e），进一步强化了图像的视觉效果。

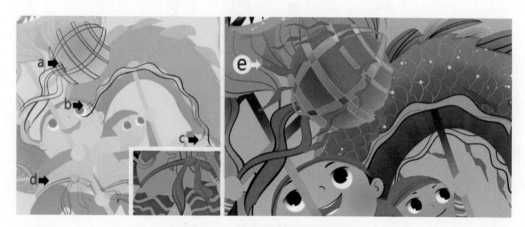

图6.3.10　线条叠加与闭合策略

随着面线结合绘制进程的不断深入，通常会分阶段进行线稿的勾画，这也是线面结合绘制策略的显著特点。有时，一个阶段的线稿创作可能专注于处理相似的画面内容。例如，在图6.3.11中，同步绘制了每个舞龙男孩服装和鞋上的装饰纹样。采用这种分批次的线稿绘制策略，可以大大提高工作效率。《舞龙》成稿效果见图6.3.12。

图6.3.11　分批次线条绘制策略

图6.3.12 《舞龙》成稿效果

6.4 面线结合综合技法分析

在进行"面"的绘制时，初始阶段不必过于拘泥色块图形的造型细节，重点放在快速建立造型趋势和基本姿态上。这种方法能够为后续绘制打下基础，同时留下足够的空间进行调整和完善。在线条绘制阶段，可以采用外压线的技巧自由和灵活地绘制。如果线条与下方的图形存在一定的位置偏差，也不用过分担心，画面中的基底颜色能够有效地弥补这些偏差，帮助维持整体的视觉协调和统一。这种绘制策略不仅使创作过程更加流畅和自然，还能在视觉上创建出更加丰富和层次分明的效果（见图6.4.1）。

在面线结合的线条绘制环节，对初期图层的布局和分布应有一个清晰的认识。要确保所绘线条与图层的布局相对应，在接下来的画面加工合成阶段可大大提高工作效率（见图6.4.2）。

除了通过外压线来拓展边缘造型之外，还可以采用在块面图形层下方创建新图层的方法来增强画面的细节和层次。在新图层上进行边缘的叠加绘制，允许创作者在不影响原有块面图形的基础上，细致地调整和增强边缘部分的造型。通过调整色彩的明度梯度，可进一步增强画面的立体感和空间感（见图6.4.3）。

图6.4.1　外压线效果

图6.4.2　线条绘制与图层位置对应

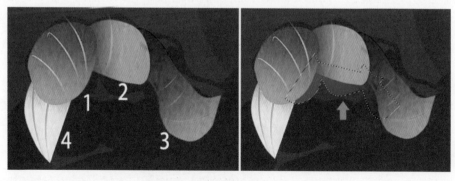

图6.4.3　叠层拓展造型轮廓

对于需要后续添加的线条，一种有效的处理方法是锁定线条图层上的透明像素，然后利用渐变工具进行绘制。这种技术可以将线条转换成造型边缘的面，在塑造形体关系的同时，增加画面的表现力和细节丰富度。锁定透明像素意味着在该图层上的任何绘制都只会影响已经存在的像素，而不会影响透明区域。当使用渐变工具在这些线条上作画时，可以创造出平滑的色彩过渡，在视觉上增强了线条的效果，使其更像物体边缘的一部分，而非单纯的线条。

在色块图形之上继续添加新图层进行选区绘制，用于增强画面中的点、线、面等图形元素，并且为作品增添更多的细节（见图6.4.4）。通过在色块图形上添加新图层，创作者可以在不干扰原有图层结构的前提下自由地添加新的图形元素。用选区绘制可以精确地控制这些新增元素的位置和形状，采用渐变上色方式能确保它们能够恰当地融入整个画面中。这种绘制技巧在处理复杂场景或需要展现丰富细节的作品时尤其有效。

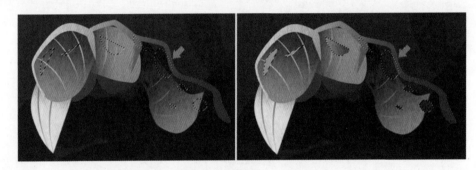

图6.4.4 叠加选区绘制

面线结合绘制是一种综合的系统绘制流程。在实际创作过程中，这种方法具有极大的灵活性，允许创作者融合各种综合性的绘制技巧，不断丰富和深化画面内容。面线结合的方法强调在绘制的大框架内灵活运用各种技术，既包括对"面"的细腻处理，如色彩熏染、光影效果和纹理细节，也包括对"线"的精确应用，如轮廓描绘和细节强调。这种方法的优势在于它提供了一个全面的框架，让创作者可以在其中自由探索和实验，从而创造出独特且具有视觉冲击力的作品。在实际应用中，面线结合绘制不局限于严格遵循某一套规则或步骤，而是鼓励创作者根据作品的具体需求和个人风格，灵活选择和应用各种技术（见图6.4.5）。

在面线结合绘制中，根据表现需求，每个"面"可以作为一个优秀的基底图层，进而在其上创建剪贴蒙版图层，进行进一步的细化和完善。例如，在画面中添加龙鳞或肌肤肌理效果时，利用剪贴蒙版图层能够更精确地控制细节的添加和调整。对于那些重叠和罗列感较强的绘制元素，如龙鳞，创作者需要特别注重基础单元元素的渐变效果（见图6.4.6）。这种渐变效果的处理不仅增加了单个元素的视觉深度，而且在元素被整体罗列和重叠时，能够创造出更为丰富和动态的画面表现。这样的处理方法能

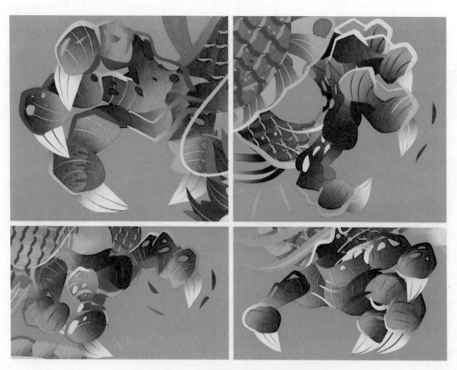

图6.4.5　面线结合的丰富效果

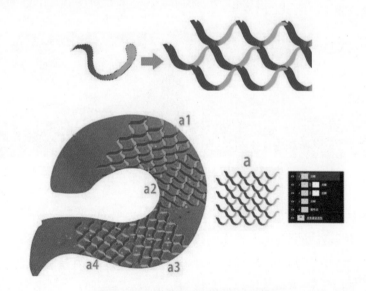

图6.4.6　基础单元元素组合效果

够使整个作品在视觉上更加生动和吸引人。此外，在处理剪贴蒙版图层时，需要特别注意各个图层之间的重叠和叠影效果。在绘制每一层时，应避免过度填充，要为下层的内容展示留出足够的空间。这种层次感的控制不仅关乎技术的精确性，也是创造出综合视觉效果的关键（见图6.4.7）。

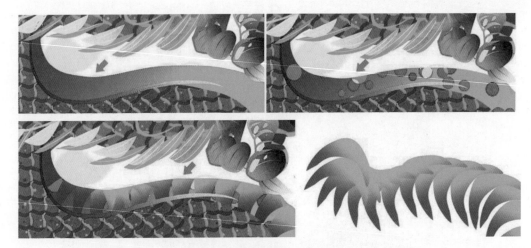

图6.4.7　图层之间的叠加掩映

外压线的处理需要紧密结合色块图层当前的肌理和形体意向。外压线不仅是简单的线条绘制，它实际上是对已存在肌理和形体造型意向的一种继续拓展和强调。当使用外压线条时，创作者应该仔细考虑色块图层的特点和细节，确保线条能够自然地融入并加强这些元素；应该强化和补充底层色块的肌理效果，同时也要考虑其在整个作品中的视觉效果和作用（见图6.4.8）。

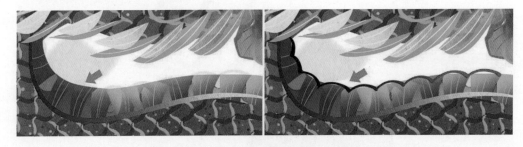

图6.4.8　外压线与图形肌理形体的呼应

在面线结合的绘制中，线条添加通常呈现出明显的批次感。随着画面绘制的深入，创作者会阶段性地添加同一批次的线条，从而形成一种分阶段的绘制流程。这种方法不仅有助于保持绘制的组织性和系统性，而且能显著提升绘制效率。通过分批次地添加线条，创作者可以更加集中地处理每一批次的特定部分，如在一个阶段专注于描绘轮廓线，在下一个阶段专注于添加细节线条。这种方法使绘制过程更加有序，创作者可以逐步构建画面，而不是同时处理多个复杂的元素。此外，这种分阶段、分批次的绘制方式也有助于保持作品的一致性和连贯性。每一批次的线条都是在对整个画面和已完成部分的基础上进行的，这样可以确保新添加的线条与整体画面协调一致，从而在整个创作过程中保持艺术效果的统一性（见图6.4.9）。

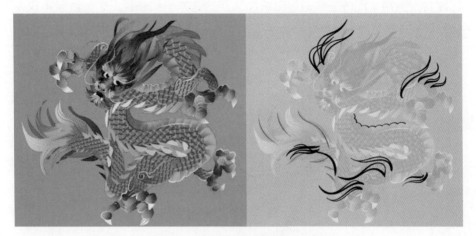

图6.4.9　阶段性的分批次线条绘制

　　在面线结合绘制的后续阶段，可以灵活运用快速平涂技法来编辑和完善线条，从而创造出精细的线面结合绘制单元。这些单元不仅增加了作品的细节和丰富性，而且为整个画面带来了更多的视觉元素和层次。通过快速平涂，可以在现有的线条基础上添加颜色和纹理，使每个绘制单元都具有更丰富的视觉效果和深度。这种技术特别适合于强调特定区域的细节，或者在整个作品中创造出统一而协调的视觉风格。此外，调整各个元素的不透明度，结合上下图层的叠加和掩映，是增强画面视觉效果的有效方法（见图6.4.10）。不同图层的叠加可以创造出丰富的深度和层次感，而调整不透明度则使创作者精准控制每个图层在最终作品中的影响力和可见度。

图6.4.10　线、面元素不透明度调整及叠加效果

　　在线条合成过程中要区分"质"和"势"。线条不仅仅是形状的描绘，它们还应该表达出物体的质感和动态。"质"指的是线条表现物体的材质感觉，如光滑、粗糙、软硬等；而"势"则关乎线条展现出的运动感、力度和方向。在相同区域的线条绘制时，可以灵活使用剪贴蒙版线和外压线来增加造型意向的多样性和灵活性。剪贴

蒙版线条可以用来精确地控制线条只出现在特定区域，这对于细节丰富或需要精确控制的区域特别有用。而外压线则可以增加线条的动态感和表现力，使线条不仅是形状的边界，还是具有表现力的元素（见图6.4.11）。

图6.4.11　剪贴蒙版线与外压线结合应用

在面线结合绘制中，由于色块创建的图层往往较多，管理和操作这些图层时需要特别注意效率和组织性。对于过于复杂和繁多的元素图层，合理的做法是进行阶段性的合并，这样可以简化图层结构，同时便于后续的处理和编辑。进行合并后，可以根据新形成的大图层区域来进行统一的线条绘制。这种方法有效地减少了过于频繁的细节调整和图层对应，显著提高了绘制效率。合并图层后的线条绘制更为集中和高效，因为创作者可以针对较大的区域一次性处理线条，而不是在众多小图层中逐一对应。然而，图层的合并也意味着一定程度上降低后期编辑的灵活性，因为一旦图层被合并，单独编辑各个元素将变得不可能。因此，创作者需要在图层合并和保留编辑空间之间找到一个平衡点（见图6.4.12）。

图6.4.12　线条绘制与阶段性图层对应合并

在面线结合的渐变绘制中，灵活运用渐变工具的渐变方向可以创造出丰富和动态的画面表现。以龙鳞的处理为例，可以在两个不同的图层上应用渐变效果。图层1和图层2之间保持一定的间距，分别选用红色和绿色作为前景色和背景色，这两种颜色作为互补色，能在视觉上形成强烈的对比和冲击。在图层1上应用从左至右的线性渐变，而在图层2上应用相反方向的渐变。当这两个图层重叠放置时，由于渐变方向的相反和颜色的互补，会产生微妙且复杂的色彩变化。这种变化不仅增强了龙鳞的视觉效果，而且为整个画面带来了更多的层次感（见图6.4.13）。

图6.4.13　不同渐变方向的叠层效果

良好的色调处理能够确保画面的视觉和谐与统一，而恰当的肌理纹理叠加则为作品增添了质感，使之更加丰富和生动。在画面整理的最后阶段可选择与整体表现风格一致的肌理素材作为表层叠加。通过细致的色调处理和恰当的肌理纹理叠加，创作者可以显著提升绘画作品的品质（见图6.4.14）。

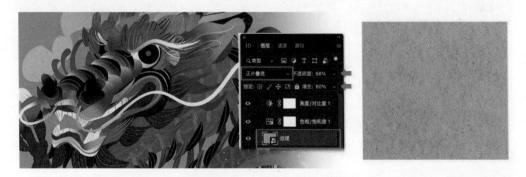

图6.4.14　叠加肌理素材

本系列案例的综合技法分析揭示了传统文化题材与面线结合绘制技术的和谐结合，创造出了风格独特的新中式艺术作品。在这种画面表现中，装饰元素的融入强化了整体的视觉效果，使画面风格浸透着新中式的美学意涵。在传统文化的题材处理上，创作者可以发挥面线结合的绘制技巧，深入挖掘中国传统文化的丰富内涵和视觉元素。这不仅涉及对传统符号、图案和色彩的精心挑选和再创造，还包括将这些元素以创新和现代的视角重新诠释，融合现代审美和技术，从而创作出具有新国潮风格的数字绘画作品。通过这种创新的艺术实践，不仅能展现传统文化的魅力，还能为之注入现代创新的气息，创作出既富有传统文化底蕴又具有现代审美特色的作品。这样的创作不仅丰富了数字绘画的艺术表达，也为传统文化的传承和发展提供了新的视角和可能性（见图6.4.15、图6.4.16）。

图6.4.15 《青龙》成稿效果

图6.4.16 《龙舟》成稿效果

小结

本章深入讲授面线结合绘制技法，这种技法特别适合表现中国传统文化主题，兼具高度概括性和当代数字绘画表现中非常流行的新国潮风格。通过对面线结合的常规绘制序列进行分析，精选《夜行人》和《舞龙》两个实例，展示了面线结合技法的实际应用和丰富的视觉效果。这种创作方式对于读者来说不仅是技术上的提升，也是对中国传统文化与现代艺术融合的深刻理解。

作业

以中国传统民间体育项目为主题，使用面线结合绘画技法进行主题创作。

第 7 章

面线肌理结合绘制技法

在数字绘画的创作实践中，创作者要始终保持积极的心态，探索和融合多种模态的技法单元。通过不同的序列组合，创造出全新且独特的风格。这不仅是对内容的表达，还是对创作过程的不断探索和尝试。有助于推动创作者的技艺和表现形式向前发展，为数字绘画领域带来新的活力和视角。

面线肌理结合的绘制技法巧妙地融合了面线绘制的原则——以面为主导，在造型构建上展现出独特的风格。使用套索工具选区绘制的造型，简洁且有很强的概括性，呈现出一种构成主义的艺术表现，充满了符号意向。组接式的面线造型特别适合表达复杂的形状，具有独特的造型优势。这种技法通过层层累积和组合进一步丰富了物体内外形态的有机结合。在肌理效果的创造上，这种技法充分利用剪贴蒙版和蒙版等综合绘制技术，以块面图形为基础，创造出既有绘画感又具装饰意味的画面效果，突出了画面的层次感。多块面的叠加方式使得画面表现更加细腻和高级（见图7.0.1）。

面线肌理结合的绘制技法与中国传统民间美术的风格紧密相连，在对数字绘画技巧的深刻理解基础之上创造性地借鉴和融合了传统元素是其独特之处，这种艺术风格是中国传统文化主题在数字绘画领域的创新性诠释（见图7.0.2）。在此基础上，创作者以开拓进取的态度，结合多种技术元素进行创新性地组合，不断探索新的内容表达方式和风格。通过深入挖掘中国传统民间艺术的造型美学，创作者不断探索和吸收独

特的美学规律，寻找形式与意义表达的和谐点。本章挑选了一些代表性的绘制节点进
行深入分析，展示了这一艺术形式的丰富性和创新性。

图7.0.1　面线肌理结合绘画表现

图7.0.2　地域传统文化美食系列插画《糖画》

7.1　面线肌理结合基础案例

插画《卖药糖》以其丰富的内容和强烈的装饰感让人印象深刻。这种画风追求画面的"拙朴感"，特意创造一些夸张和变形的造型风格，笔触的运用与整体构图的意图紧密结合，形成了独特的艺术风格。本节将对系列插画绘制中的一个局部进行深入讲解。图7.1.1中小巧的玻璃瓶是面线肌理结合技法的典型范例，以其简洁而精致的绘制手法，非常适合作为教学案例进行详细讲解。帮助读者在创作实践中灵活运用、举一反三（见图7.1.1）。

图7.1.1　《卖药糖》局部效果

首先展示一个小的实例，为一个图形图层添加蒙版，使用具有肌理效果的黑色笔刷在蒙版内进行绘制。在蒙版中绘制的部分变得透明；而未被绘制的部分则保留了下层的颜色，呈现出一种肌理效果，这种效果类似于用彩色粉笔进行快速且简单的绘制。这个特殊的图层被定义为"肌理蒙版层"。当肌理蒙版层与一个相对较深色的底层进行叠加时，两层图像相互作用，产生一种前后图层共同叠加掩映的视觉效果。这种效果可以形成一种复杂、具有颗粒感的视错觉，增加了作品的视觉深度和纹理感。特别是在创造丰富的纹理和深度感时，这种技法在数字绘画和图像处理中非常有效（见图7.1.2）。

1. 绘制玻璃瓶

在图7.1.3中，玻璃瓶的基本构造主要由三部分组成，一个圆柱形的玻璃瓶配以铁

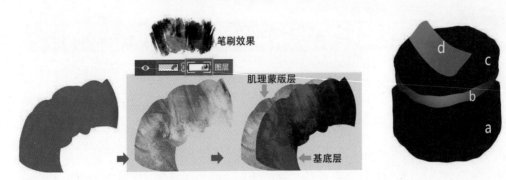

图7.1.2 肌理蒙版层合成效果　　　　图7.1.3 玻璃瓶基底图形

制的圆形瓶盖，瓶盖上还附有一个标签。具体绘制采用选区绘制的方法，在不同的图层上分别创建玻璃瓶身a、瓶盖c、瓶盖侧立面b和标签d。绘制时既有平涂颜色，又运用了渐变色，快速形成了初步的视觉效果。

　　在图7.1.4中，色块图层和肌理绘制图层都添加了相同的绘制蒙版，这些蒙版绘制区域集中于当前图形的右上角位置。可以看出，与简单的色块图层相比，肌理绘制层在视觉上更具有笔触绘制的感觉。这种差异彰显了肌理层在模拟真实笔触和质感方面的优势，为整体图像增添了更丰富和细腻的视觉效果。

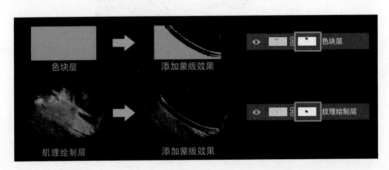

图7.1.4 色块层和肌理绘制层添加蒙版效果对比

　　将玻璃瓶图层作为基底图层，创建两个剪贴蒙版层，分别为亮面层和高光层，在亮面层相应位置使用画笔工具▨进行肌理笔触绘制，高光层采用选区绘制配合渐变上色的方式塑造高光。虽然两个图层采用了不同的绘制方式，但初步完成后均呈现出相对硬朗的边缘造型。接着对两个图层分别添加蒙版，并使用画笔工具将前景色改为黑色，随即进行肌理笔触绘制。在蒙版绘制的过程中逐步形成如图7.1.5所示的效果。

2. 绘制糖块

　　在当前图层，使用选区平涂上色的方式画出糖块基本造型，激活"锁定透明像素"功能，使用画笔工具▨选择布纹笔刷对糖块明暗关系进行依次绘制（见图7.1.6）。

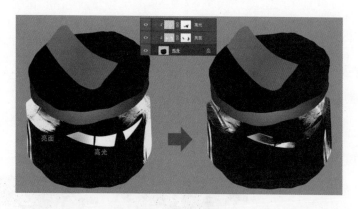

图7.1.5 肌理蒙版叠加

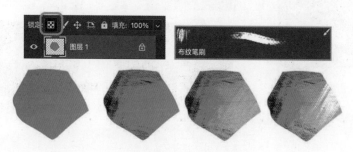

图7.1.6 肌理绘制快速表现

将糖块层拖至亮面层与瓶身（基底图层）之间，使其变为剪贴蒙版层，依次对糖块层复制并调整位置和角度，逐步形成玻璃瓶中装满糖块的效果。此时基底、糖块以及其上方的亮面和高光形成了相互掩映的画面效果（见图7.1.7）。

在亮面层下面创建一个"颜色叠加"层，通过平涂或填充等方式进行上色绘制，对该层添加蒙版并进行肌理绘制，使其局部掩映出基底层的效果。这种蒙版效果通过与下方的可见图层相互掩映，创造出一种多重叠加的绘制感。这不仅使颜色比简单平涂更厚重，还赋予了图像更丰富的颗粒感和视觉触觉体验。这种技术的应用在于增加图像的深度和纹理（见图7.1.8）。

图7.1.7 剪贴蒙版元素叠加　　　图7.1.8 颜色叠加层效果

3. 绘制瓶盖

在理解了瓶身部分绘制原理后，可以尝试举一反三，瓶盖立面的绘制也与之相似。在瓶盖立面（基底层）基础上分别创建色彩叠加、固有色和暗面三个剪贴蒙版图层。在色彩叠加添加蒙版并进行肌理绘制，使之与基底层形成交相呼应的效果；固有色和暗面层采用直接绘制肌理效果的方式，落笔位置遵循物体基本结构，整体绘制风格轻松随意（见图7.1.9）。

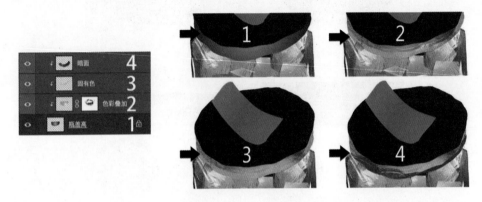

图7.1.9 序列单元绘制

通过以上的系列操作，逐步形成一些规律性的绘制方式。从色彩明度来看，基底图层颜色明度要低于上方的肌理层。基底层上普遍存在一个具有肌理效果的剪贴蒙版层，称为肌理剪贴蒙版层。在肌理剪贴蒙版层上会有若干剪贴蒙版层进行光影或局部刻画的绘制任务，这些剪贴蒙版层被统称为细节塑造层。肌理剪贴蒙版层和细节塑造层都会灵活运用图层蒙版，继续完善该图层的显示范围和肌理效果。以剪贴蒙版层的一组序列为单位，可将其称为序列绘制组，对于更加丰富的画面表现，其实就是序列绘制组的灵活叠加组合（见图7.1.10）。

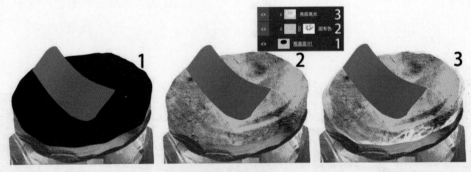

图7.1.10 剪贴蒙版层运用图层蒙版

在瓶盖之上可以继续添加造型稍小的基底图层，为瓶盖添加同心圆结构。在

图7.1.11中，透过肌理剪贴蒙版层（图2）可依稀看到基底图层。在细节塑造的系列图层中，"固有色"层通过肌理笔刷绘制时特意留有飞白，能够形成色彩的叠加意向，这就非常符合真实的色彩堆叠绘制（图3）。后续的投影及颜色叠加的绘制都在用笔方面留有余地，并没有"画死""画实"，从而形成了非常细腻的色彩变化关系，这是面线肌理结合绘制技法的要义所在（见图7.1.11）。

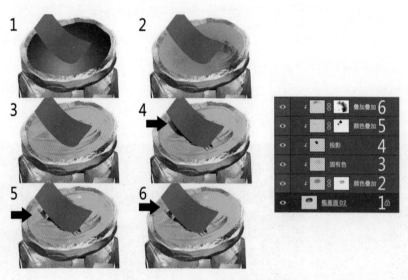

图7.1.11　瓶盖上添加基底图层

　　最后通过肌理素材叠加增加调整图层，一个装满糖块的玻璃瓶就绘制完成。整体的造型、用色和表现方式独具一格。在整体绘制流程中，以面线结合绘制技法理念为基础框架，巧妙融入了具有肌理效果的系列剪贴蒙版图层。基底的重色调确保了色彩叠加后颜色明度表现的层次。固有色层奠定主色基调，使其他细节塑造层在用色方面具有一定的发挥空间，达到在统一中求变化。造型感觉与用色方式非常贴合，在民间传统文化或市井风俗主题的风格化插画创作领域中具有广阔的应用前景，玻璃糖瓶成稿（见图7.1.12）。

4. 瓶身层次绘制

　　面线肌理结合绘制技法是一种依靠层次化的序列绘制组来逐步构建画面的方法。创作者首先通过解构物体并以剪

图7.1.12　玻璃糖瓶成稿效果

影形式绘制图块来构建基础的形体。然后通过在不同图层上添加细节并运用肌理剪贴蒙版层来模拟传统水粉画的笔触效果，进一步塑造物体的质感。最后通过叠加多个绘制序列组来丰富画面的视觉层次和深度，实现从轮廓到细节的逐步细化。这种方法有效地融合了数字工具的灵活性与传统绘画的表现力。

在以面为先导的形体塑造时，首先要对构筑物体进行解构，以剪影的方式进行图块绘制，肌理剪贴蒙版层要在笔触绘制阶段按照形体的结构运笔，可灵活添加序列的细节塑造层。在细节塑造层中，这些块面绘制近似于以水粉画中的笔触构筑形体的感觉。可根据实际的表现需求为肌理剪贴蒙版层或序列的细节塑造层添加蒙版，控制当前图层的呈现区域并更好地塑造肌理效果。用这样的方式形成基础阶段的序列绘制组，可使主体形象快速呈现（见图7.1.13）。

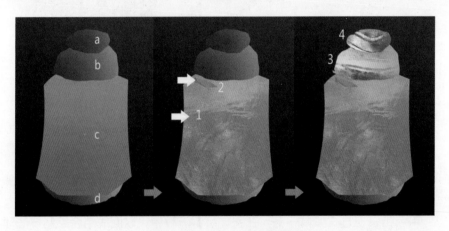

图7.1.13 基础肌理绘制

在面线肌理结合绘制技法中，画面表现的逐步深入，需要通过更多序列绘制组之间的灵活叠加组合实现。如图7.1.14所示，在基础绘制的基础上继续添加三个基底图层a、b、c，作为三个新的序列绘制组的基础（图2）。可对新添加的基底图层添加蒙版并进行一定的肌理绘制，从而产生彼此之间的叠加掩映。以三个基底图层为基础，添加各自的剪贴蒙版图层（图3），用白色肌理画笔进行局部的高光及亮面绘制（图4）。

在艺术创作的基础阶段，先进行序列绘制的组合，然后在此基础上对后续的绘制组件进行灵活叠加。这种解构式的分析方法有助于更加深入地理解画面构建的具体创作方法。在实际的创作实践中，这样的方法使得创作者能够灵活应用各种技巧，通过一个具体实例理解更广泛的创作原理，进而在不同的创作场景中灵活变通，实现触类旁通的艺术创作（见图7.1.15）。

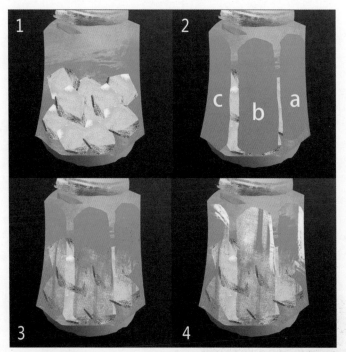

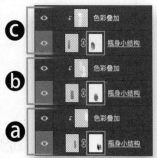

图7.1.14 剪贴蒙版单元

图7.1.15 《卖药糖》成稿效果

7.2 插画《龙嘴大铜壶》综合技法绘制

　　龙嘴大铜壶茶汤是天津市的民间小吃，香甜可口，沁人心脾。冲茶汤的师傅一手端碗，一手掀起铜壶，壶嘴向下倾斜，一股沸水直冲碗内，刹那间水满茶汤熟。插画

《龙嘴大铜壶》在用色方面借鉴了一些印象派的特点。19世纪后期的印象派在色彩运用上具有革命性。该流派的画家们采用色彩分离技法，直接在画布上使用纯净（未混合）的颜色，让色彩在观众的视网膜上进行自然混合，产生更加生动的视觉效果。印象派作品通常色彩明亮鲜艳，画家们偏爱使用对比饱和的色彩来表现阳光照耀下的景物。《龙嘴大铜壶》插画使用面线肌理结合的绘制技法，创造了充满活力的画面，并且倡导了一种更自由、直观的艺术表达方式，强调色彩在传达感觉和氛围上的作用（见图7.2.1）。

图7.2.1　插画《龙嘴大铜壶》

图7.2.2（a）展示了一个传统的金属兽面铜环，斑驳的划痕下透出原始的基底材质，令观者感受到时间的厚重和历史的深邃。在图7.2.2（b）所示的抽象画作中，深沉的背景色与明亮的前景色形成了鲜明的对比，使画面中的每笔色彩都显得尤为突出，彼此间的交互和对话在深色的舞台上跃然而生，充满活力。色彩的强烈碰撞与和谐共存，在视觉上形成了一种引人入胜的张力和层次感。传统画作和抽象画作都巧妙地运用了材质和色彩，通过各自独特的方式增强了艺术表达的视觉冲击力，体现出鲜明的艺术风格和深厚的文化底蕴。在现代数字艺术作品创作中，这种色彩的混合关系和层次构建可以通过图层的叠加和蒙版的应用等技术手段得到相似的表现 [见图7.2.2（c）]，这是传统艺术精神在数字时代的延续和重新解读。

在面线机理结合的实战绘制中，大胆运用基底层色彩，往往在与肌理剪贴蒙版层叠加后，形成出乎意料的画面色彩感觉，这与创作者习惯运用的观念色之间的搭配方式形成了鲜明的对比。可以在基底图层中使用一些中国传统绘画的标志性颜色，例如，朱砂红是中国绘画和工艺美术中经常用到的一种鲜亮的红色，这种颜色来源于朱

（a）传统画作　　　　　　（b）抽象画作　　　　　　（c）图层叠加

图7.2.2　肌理与层次示例

砂这种矿物，象征着喜庆、财富等吉祥寓意；宝石蓝（又称汉蓝）是一种深蓝色，是由含有铜的矿物质制成的颜料，经常用于描绘传统服饰和陶瓷；青绿是中国山水画中常用的一种色彩，尤其在宋元时期的山水画中非常流行，带有一种清新脱俗的美感。尝试用这样的具有中国味道的色彩作为渐变色基底，往往会形成独特的美学意向（见图7.2.3）。

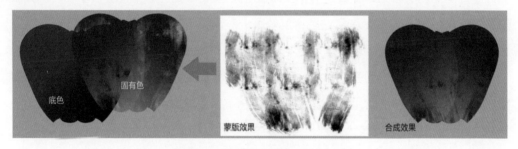

图7.2.3　肌理剪贴蒙版合成示例

1. 整体造型绘制

插画《龙嘴大铜壶》是传统民间小吃主题的系列作品之一，在美学风格上力求展现浓郁的民间美术韵味，同时借鉴了民间剪纸、皮影等平面化的剪影造型。从这个创意点出发，选择使用以面为先导的造型绘制方式进行创作。绘制套索选区时所特有的粗旷、概括，特别是操作过程中的一些不稳定因素，恰恰成为突出整体造型的得力工具，绘制状态更加积极主动。配合选区绘制多采用渐变上色的方式，在颜色选择上以大铜壶的固有色基调为基础，渐变色两极兼顾色相的微妙变化，两极颜色适当形成一定的明度对比。整体把握平面化美学风格，其间穿插光影因素，将二者融为一体。整体造型初步建立后，对于龙嘴等局部造型可配合CSP的线稿绘制作为造型辅助和提炼

（见图7.2.4）。

图7.2.4 快速组接块面图层

2. 创建基底颜色层

整体造型绘制完成后，按快捷键Ctrl+J复制当前渐变图层并锁定该图层透明像素，调整前景色和背景色（线性渐变色的左右两极），添加渐变色。结合上文中对中国传统美术标志性用色的相关理念，可在此环节中灵活运用。如图7.2.5所示，当前对大部分基础色块都进行了复制并添加渐变色。基底渐变色选择大胆且多样，例如，插画中位置a、b的两组渐变色色相跨度较大，对照图7.2.5(a)相应位置中固有色基础色块，两色块位置邻近且基本固有色相仿。它们分别采用了对比鲜明的中国传统用色（朱砂红、宝石蓝）作为基底颜色，可以为作品增添强烈的视觉冲击力，为后续构建独特的色彩层次奠定基础；大铜壶底托（位置c）基底渐变色使用了黑白渐变，它与壶身（位置a）的纯色具有较大差别，且光源方向相悖。这样的处理方式也表现在大铜壶左右两条龙造型的基底颜色差别上；这些不确定性让接下来的画面表现充满了更多的期待（见图7.2.5）。

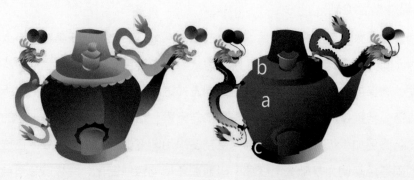

（a）固有色层　　　　　　　　（b）基底层

图7.2.5 固有色层与基底层

以铜壶壶底位置为例，首先调整好图层顺序，在图层序列中，基底层在下，固有色层在上，并将固有色层创建为剪贴蒙版图层。为固有色层添加蒙版并使用黑色肌理笔刷进行蒙版绘制（见图7.2.6）。

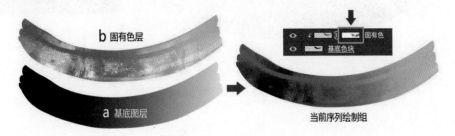

图7.2.6　融合叠加效果

在整个画面的组织中，符号意向的融入显得尤为重要。通过选区绘制结合色彩平涂的方式进行高光的处理，随后在其上添加蒙版。在这个蒙版上绘制肌理时，需注意虚实之间的变化，通过多次尝试、反复绘制可以逐步调整和完善肌理效果，达到预期的艺术表现。可以从色块图形的某一边缘开始绘制，逐渐向外扩展。这种方法使图形的边缘效果具有虚实对比，仿佛是真实绘制中笔触自然甩动所形成的样子，从而增强了画面的立体感和动感（见图7.2.7）。

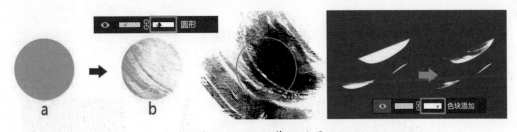

图7.2.7　肌理蒙版效果

线稿也被当作是基底层的剪贴蒙版图层，可以激活线稿层上的"锁定透明像素"功能。使用具有肌理效果的笔触工具，在不影响线条形状的前提下为线稿添加纹理和色彩。具体操作时，可以通过吸取线稿附近画面的相应色彩对线稿进行局部绘制。这种方法不仅增加了线稿的视觉深度和丰富性，还使线稿与整个画面和谐地融为一体。通过这种技术，线稿不再是单纯的轮廓线，而是变成了肌理和色彩的一部分，从而增强了整个作品的统一感和视觉吸引力（见图7.2.8、图7.2.9）。

对于画面中的"点"元素，可直接运用套索工具　进行点块造型选区绘制，并对其进行颜色填充。在绘画过程中，每个小的点块不仅是视觉上的装饰，还充满了象征

图7.2.8　剪贴蒙版线条肌理绘制

图7.2.9　《龙嘴大铜壶》阶段性成稿

意义，使整个作品的表现形式更加趋向于一种符号化。这种细致的处理方式不仅丰富了画面的细节和层次感，还为观者提供了更多的解读空间（见图7.2.10）。

图7.2.10　快速肌理绘制

在处理绘制图层密集区域时，如龙头的位置，采用了两种较为简便且有效的图层绘制技巧。

（1）剪贴蒙版图层的应用。在基底图层上创建剪贴蒙版图层，使用带有质感的笔刷工具在这个剪贴蒙版图层上绘制肌理效果，它保留了在后期调整图层的灵活性。

（2）直接在基底图层上绘制。直接在基底图层上开启"锁定透明像素"选项。在该层直接绘制肌理效果。

综合这两种技巧，可以有效地处理图层繁复的区域，保证了绘画效果的细腻度和整体的视觉统一性（见图7.2.11）。

图7.2.11　快速肌理绘制的类型

3. 数字绘画的"团组"元素意识

在数字绘画中，对"团组"元素的理解和运用是非常实用的技巧。将画面的元素通过解构的方式进行细致分析，并通过组合这些更小的单元元素来形成一个整体的团组。这样的做法不仅有助于对复杂画面的管理和组织，还能在创作过程中增加构图的丰富性和层次感。"团组"元素可以作为画面的主要部分，或用于增加细节和纹理，从而使整个作品更加丰富，创造出更加复杂和有层次的画面。

在绘制龙鳞时，采用了将小团组作为单位，跟随龙的身体曲线走向进行逐个摆放的方法。将这些龙鳞图层设置为龙身基底图层的剪贴蒙版。这样的设置使得龙鳞只出现在龙身的特定区域内，为画面增添了更加丰富和细腻的细节表达。这种细致的处理方式不仅增强了龙鳞的立体感和动态效果，而且使龙的整个身体轮廓更加生动和逼真（见图7.2.12）。

在绘制过程的不同阶段，根据画面的具体需求，可以使用CSP软件对线条进行补充绘制。线条往往会对画面信息具体化，是块面图形的有益补充。在创作实践中，线条绘制可分批次进行（见图7.2.13）。

完成龙的基本绘制之后，接下来的步骤是复制所有描绘龙的图层，然后合并成一个独立的图层。复制"团组"元素后可适时进行合并，这样做可以简化图层管理并为

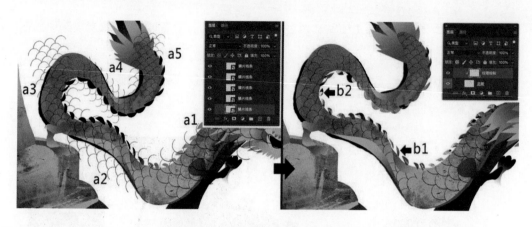

图7.2.12　通过剪贴蒙版添加龙鳞

图7.2.13　原位粘贴线条

后续编辑提供便利。接着，使用这个合并后的龙图层作为铜壶身体部分的剪贴蒙版，这将允许龙的图像精确地贴合到壶身的形状上。然后仔细调整龙图层在铜壶上的位置和角度，确保视觉效果的自然和谐。为了让龙的图像更加和谐地融入铜壶的整体效果，可以适当减少龙图层的填充度，这样龙的图像不会过于突出，而是与铜壶的质感和色彩相得益彰（见图7.2.14）。

　　在图层序列的顶部创建调整图层，对画面的亮度/对比度等进行调整。添加一层具有牛皮纸质感的肌理图层，营造出一种复古且温馨的视觉风格。将此图层的混合模式设置为"正片叠底"，以实现肌理和底层画面的自然融合。根据整体视觉效果，适当调整肌理层的"填充"数值，以确保视觉上的均衡与美感，插画《龙嘴大铜壶》成稿如图7.2.1所示。

　　在探索数字绘画的独特创作流程中，创作者应深入研究艺术史上的各个流派，把握其美学特质并在中国丰富的传统民间艺术宝库中寻找灵感。这不仅是一个学习与借鉴的过程，更是一个发现共性与创新融合点的探索。创作者们应摒弃单一模仿西方

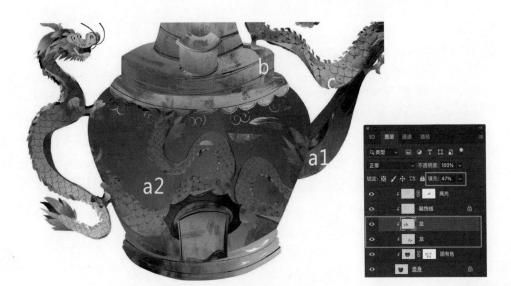

图7.2.14　整合画面元素

或日本流行的数字绘画技法，勇于尝试和大胆创新，创造出符合中国当代审美的新表现手法。这种结合面线肌理的表现技巧不仅体现了技术的应用，更凸显了对中华文明的传承与文化自信的坚持。在当今数字艺术的创作实践中，不仅要传承文化，还要坚定文化自信，用艺术讲述中国故事。这是我们当代艺术创作者的责任和担当（见图7.2.15）。

图7.2.15　传统文化小吃系列插画《龙壶茶韵》

小结

本章深入介绍了面线肌理结合绘制技法，并通过插画《龙嘴大铜壶》的技法绘制实例，生动地展示了这一技法的应用和效果。面线肌理结合技法融合了形面构成、线条勾勒和肌理表现，对于刻画中国传统文化题材具有显著的优势。该技法不仅能够准确捕捉和表现物体的形态和结构，还能通过细腻的线条和肌理处理增强作品的文化内涵和视觉冲击力。通过学习和实践这种绘制技法，读者不但能够提高自己的艺术创作能力，而且能更深入地理解和体现中国传统文化的精髓。

作业

选择一个具有地域文化特色的民俗小吃，并运用面线肌理结合风格进行插画创作。

第 8 章

数字绘画的画笔工具

画笔工具是数字绘画的基础，数字绘画软件通过数字化模拟真实画笔的概念，以解构的方式进行单元化参数设置。这种模拟为数字绘画创作者提供了精确控制画笔特性的可能，从而能够根据作品的需求灵活调整画笔属性。经验丰富的数字绘画创作者通常对各种画笔参数有深入的了解，并能根据绘制的具体需求对这些参数进行灵活调整。掌握如何调节数字画笔工具是数字绘画中的关键技能，直接影响最终作品的质量和表现力。以PS为例，画笔工具的调节参数在多种绘画软件中都具有代表性和影响力。本章以PS为基础平台，全面介绍画笔相关的设置方法，旨在帮助数字绘画创作者更好地理解和运用这些工具，以提升创作者的绘画技能和作品的艺术表现。内容不仅涵盖了基本的画笔特性，如大小、形状、透明度等，还包括更高级的特性，如笔刷纹理、混合模式、笔压响应等，使创作者能够更加全面地掌握数字绘画的核心工具。

8.1　画笔面板功能详解

作为数字绘画的主流绘制软件，PS提供了较为丰富的绘制工具，灵活的工具设置功能让创作者在画面表现过程中游刃有余。数字绘画的最大魅力在于借助软件技术提升画面表现，很多有经验的数字绘画创作者会根据实际的画面表现通过调整和优化量身定做绘制工具，为精湛的画面表现提供有效保障，从而达到事半功倍的效果。

"画笔面板"在调整笔触表现上具有不可替代的优势，在PS中，凡是具有笔触绘制属性的工具都可以通过该面板的强大功能进行细化调整。图8.1.1左侧工具栏标有黄色提示及其延展的同类工具均可在画笔面板进行笔触细分调节。

本节将以画笔工具为参考，对画笔面板的主要功能进行详尽介绍。

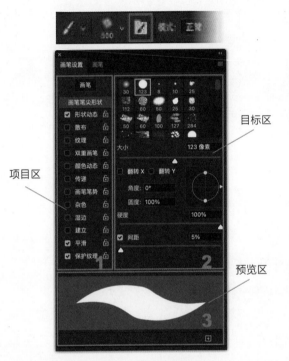

图8.1.1 画笔面板

1. 画笔面板的结构

在工具箱中选取画笔工具，在PS界面上方的画笔工具属性栏中单击"切换画笔面板"按钮，即可弹出画笔设置面板，也可执行"窗口"→"画笔"菜单命令弹出面板。画笔面板由项目区、目标区、预览区组成（见图8.1.1）。单击面板右上角图标，可弹出画笔面板的快捷菜单。

2. 画笔面板

在画笔面板中单击"画笔"选项，在"画笔"选项卡中列出了多种形状、粗细不一的笔触样式，可以通过拖动"大小"滑块，或在其右侧的数值框中输入数值，来精确设置画笔笔触的直径，画笔选项卡中关于画笔直径的调节滑块与画笔面板中目标区的"大小"滑块功能一致。

"画笔"选项卡如图8.1.2所示。

①"切换画笔面板"按钮。单击"大小"滑块右侧的"切换画笔面板"按钮，可调取画笔选项卡。

②显示搜索栏。创作者可以在显示搜索栏

图8.1.2 "画笔"选项卡

快速输入并搜索特定的画笔名称，提高选择效率。

③显示近期画笔。该功能会罗列出创作者最近或频繁使用的画笔，供快速选择。

"画笔"选项卡下方有常规的功能按钮，如④创建画笔组 ■、⑤创建画笔 ■、⑥删除画笔 ■，可对现有画笔进行管理，或单击⑦命令菜单 ■ 进行细项调整。这些功能的设计都为使创作者的创作过程更为流畅，满足多种绘制需求，方便画笔管理。

新建一个正方形画布，使用画笔工具，选择默认的"硬边圆压力大小"笔刷随意绘制4个大小不一的圆点，执行"编辑"→"定义画笔预设"菜单命令，在弹出的"画笔名称"对话框的"名称"文本框中输入"水墨滴溅效果笔刷"，在左侧的预览框可见刚刚绘制的笔刷缩略图，单击"确定"按钮完成设置（见图8.1.3）。

图8.1.3　定义画笔预设

3. 画笔笔尖形状

在画笔面板左侧项目区单击"画笔笔尖形状"选项，上方即显示画笔预设的缩略图，方便画笔选择（见图8.1.4）。

图8.1.4　"画笔笔尖形状"选项设置

（1）大小。大小用来编辑画笔的直径，数值越大，画笔的笔触就越粗，变化范围为1~5000像素。在实际绘画操作中，往往使用"["")"键对画笔笔触直径进行快速调节。

（2）角度和圆度。调节右侧可控缩略图的控制节点，适当压扁原笔刷的圆度，单击箭头符号转动调整笔刷角度，左侧数值会相应变化。调整"角度"和"圆度"参数在数字绘画中比较常用，可根据物体的形体结构绘制出富有"力道"的线条感觉，突出绘画的"笔触感"。配合角度、圆度的数值变化，尝试选择"翻转X"和"翻转Y"选项，原笔触效果会进行轴向翻转，在实际绘制中可灵活运用（见图8.1.5）。

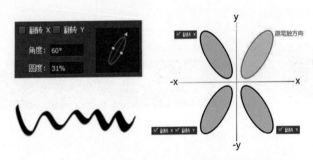

图8.1.5　角度、圆度参数变化及轴向翻转效果示例

在概念设定表现中，对于不同结构造型的绘制需经常调整笔触的角度和圆度，让线条与结构更加贴合、更有力道（见图8.1.6）。

图8.1.6　笔触调整在实际绘制中的运用

图8.1.7　"硬度"参数对比效果

（3）硬度。硬度指画笔笔触边界的柔和程度，参数取值范围为0%~100%，值越小，画笔笔触越柔和（见图8.1.7）。

（4）间距。在PS中，密集的点组成了流畅的线条，"间距"用于控制线条中点与点的位置关系，取值范围为1%～1000%。在实际绘制中，可巧妙通过该参数的调节功能绘制"点连线"的效果（见图8.1.8）。

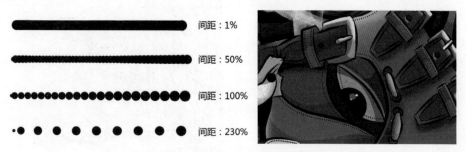

图8.1.8 调节"间距"参数绘制鞋面缝纫效果

4. 形状动态

在画笔面板左侧项目区单击 "形状动态"选项，在该项目中可以设置画笔笔触的直径、圆度和角度的动态变化，具体包含下列选项（见图8.1.9）。

图8.1.9 "画笔形状"选项

（1）最小直径。最小直径用来设置画笔在线条绘制时的粗细变化，数值范围为0%～100%，在数值调节上方的控制类型下拉列表中选择"钢笔压力"选项，使线条的粗细变化与数位笔绘制时的压感变化紧密联系，符合真实的绘画感觉（见图8.1.10）。

（2）大小抖动和角度抖动。在原有的笔触直径上设置画笔抖动大小和抖动角度的比例，数值越大，变化越大，变化范围为0%～100%。角度抖动可参考"最小直径"选择自己的控制类型（见图8.1.11）。

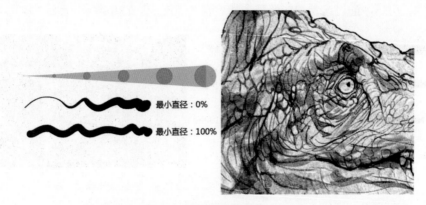

图8.1.10　最小直径数值为0%与100%的效果

图8.1.11　大小抖动数值为0%和100%的效果

（3）控制。"钢笔压力"是较为常用的"控制"类型，与数位笔压感绘制结合效果不错，也是对其下参数变化控制影响较为明显的控制方式。数位笔行笔压感变化，被控制属性的参数也会随之变化。例如在图8.1.12中，"最小直径"和"角度抖动"都选择了"钢笔压力"的控制类型，行笔压力的大小直接影响线条粗细与线条点的旋转角度（见图8.1.12）。

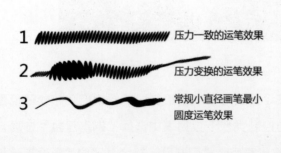
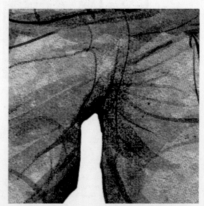

图8.1.12　"钢笔压力"效果

在"角度抖动"的"控制"类型中选择"钢笔斜度"类型，数位笔与数位板板面的倾斜角度的变化会导致笔刷旋转角度的变化，这个设置在数字绘画厚涂风格的绘制表现中非常重要，绘制手感与Painter厚涂类笔刷的感觉非常相似，充分模拟真实的布面绘制效果（见图8.1.13）。

图8.1.13 "钢笔斜度"类型的"角度抖动"行笔效果

（4）圆度抖动。圆度抖动用于设置画笔在绘制线条的过程中标记点圆度的动态变化状况，圆度抖动的百分比数值以画笔横轴的比例为基础，变化范围为0%～100%（见图8.1.14）。

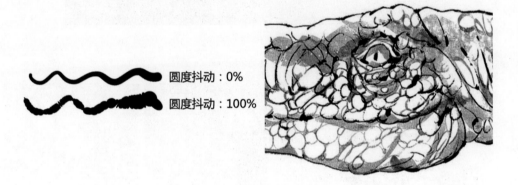

图8.1.14 圆度抖动数值为0%和100%的效果

5. 散布

在画笔面板中选择"散布"选项，散布可以使画笔产生类似毛边的笔触效果，主要用来设置绘制线条中画笔标记点的数量和位置，包含下列设置项目（见图8.1.15）。

（1）散布。散布用于设置扩展笔触与实际笔触之间的距离，数值越大则画笔的扩散距离越大，变化范围为0%～1000%。当选择"两轴"选项时，笔触的标记点呈放射状分布；反之，则标记点的分布与画笔绘制线条的方向垂直（见图8.1.16）。

调整画笔的"散布"参数有助于强调画面的笔触感，强化真实的绘制效果（见图8.1.17）。

（2）数量。数量用来设置每个空间间隙中笔触标记点的数量，变化范围为1～16（见图8.1.18）。

图8.1.15 "散布"选项

 散布：60%

散布：600%

图8.1.16 散布值为60%和600%的效果

图8.1.17 调节散布参数的实际应用效果

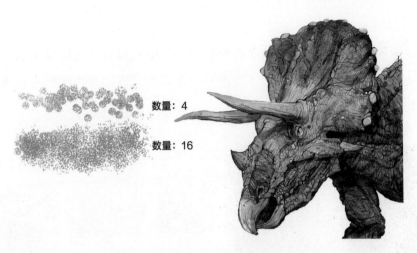

图8.1.18　数量参数为4和16的效果

（3）数量抖动。数量抖动用来设置每个空间间隙中笔触标记点数量的变化，变化范围为0%～100%（见图8.1.19）。

图8.1.19　数量抖动数值为10%和60%的效果

画笔的"散布"功能很好地实现了将现有的绘制笔刷趋于真实逻辑的绘画效果，对于一些"肌理效果"模拟得恰到好处。在实际绘制中，各参数对最终的画面效果会产生微妙影响，需要在不断的尝试中寻找规律（见图8.1.20）。

图8.1.20　使用画笔"散布"功能绘制的肌理

6. 纹理

纹理画笔是较高级别的画笔运用模式，对于肌理效果的绘制起到了事半功倍的作用。纹理笔触为画面增添了维度感，在概念设定的美术绘制中运用较广（见图8.1.21）。

图8.1.21 "纹理"的选项设置及效果

（1）反相。反相可使纹理图案产生与原图案相反的效果。

（2）缩放。缩放用来指定图案比例变化，范围为0%~1000%（见图8.1.22）。

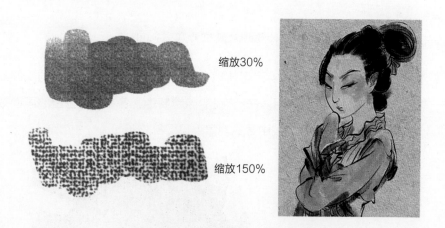

缩放30%

缩放150%

图8.1.22 缩放值为30%和150%的效果

（3）深度。深度用来设置画笔渗透到图案的深度，数值越低则刻画纹理越明显，变化范围为0%~100%（见图8.1.23）。

（4）最小深度。选择"为每个笔尖设置纹理"选项后，即可定义画笔渗透图案的最小深度，变化范围为0%~100%。

（5）深度抖动。选择"为每个笔尖设置纹理"选项后，即可定义画笔渗透图案的

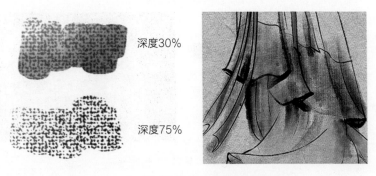

图8.1.23 "深度"值为30%和75%的效果

深度抖动,变化范围为0%~100%。

(6)为每个笔尖设置纹理。选择该选项,则纹理将套用到画笔的所有其他属性上;若不选择该项,则不能激活"最小深度"和"深度抖动"选项。

(7)模式。模式用来设置笔触纹理的图案模式,包括"正片叠底""减去""变暗""叠加""颜色减淡""颜色加深""线性加深""实色混合"等。

深入理解并熟练应用画笔工具的"纹理"选项功能,可以使画面更加厚重,更具有真实的绘画感。

7. 双重画笔

双重画笔是通过将两个画笔形状结合起来,创建出一种新的画笔。在画笔面板中选择"双重画笔"选项,在"画笔预设"下拉列表中选择当前笔触类型,在"双重画笔"选项的笔刷列表中选择第二种笔触类型,可在"模式"中选择两种笔触相互混合的叠加方式,并对现有双重画笔进行参数调整即可完成设置(见图8.1.24、图8.1.25)。

图8.1.24 "双重画笔"选项

图8.1.25　双重画笔效果

（1）大小（直径）。大小用来控制第二支画笔的直径。拖动参数上的滑块或在数值框中输入数值即可更改画笔的直径。若想恢复原先画笔的大小，单击"使用取样大小"按钮即可实现，参数范围为1~2500像素（见图8.1.26），实际调整中应多参考预览框中的效果，直到满意为准。

图8.1.26　不同画笔直径的笔刷效果

（2）双重笔刷。双重笔刷是一个非常不错的笔刷调节工具，极大丰富了软件本身在绘制环节的表现力，尤其是对于一些特定的"肌理效果"的表现，在学习和掌握"双重笔刷"的过程中，要多加练习（见图8.1.27）。

图8.1.27　双重笔刷对纹理质感的表现力

（3）间距。间距用来设置第二支画笔在所绘制笔触中标记点之间的距离，参数变化范围为1%~1000%（见图8.1.28）。

图8.1.28　不同"间距"数值的效果

（4）散布。与项目区"散布"选项中的"散布"参数内容一致。

（5）数量。与项目区"散布"选项中的"数量"参数内容一致。

8. 颜色动态

在画笔面板中选择"颜色动态"选项，用来设置在绘制笔触的过程中颜色的动态变化情况（见图8.1.29）。

图8.1.29　"颜色动态"选项

（1）前景/背景抖动。前景/背景抖动用于设置绘制笔触在前景色和背景色之间的动态变化，变化范围为0%~100%（见图8.1.30）。

（2）色相抖动。色相抖动用于设置画笔绘制笔触的色相动态变化范围，变化范围为0%~100%。

前景/背景抖动:0%

前景/背景抖动:100%

图8.1.30　前景/背景抖动数值调节对比效果

（3）饱和度抖动。饱和度抖动用来定义颜色的纯度，变化范围为0%~100%。

（4）亮度抖动。亮度抖动用于设置画笔笔触亮度的动态变化范围，变化范围为0%~100%。

（5）纯度抖动。纯度抖动用于设置颜色偏向或偏离的中轴，变化范围为-100%~+100%。上述几种抖动的效果见图8.1.31。

色相抖动

饱和度抖动

亮度抖动

纯度抖动

图8.1.31　颜色动态参数调整效果

9. 其他选项

画笔面板中的"传递"选项是PS中新增的画笔选项设置，通过设置该项目可以控制画笔随机的不透明度，还可设置随机的颜色流量，从而绘制出若隐若现的笔触效果，使画面更加灵动、通透。

为了产生自然的渐变和纹理效果，创作者可以选择"不透明度抖动"调整笔触，这一选项允许笔触的不透明度在0%~100%随机变化。同样，通过"流量抖动"也可以达到类似的效果，让颜色的密度在画笔路径上产生随机变化。这两个调整，尤其是不透明度抖动，可令笔触拥有类似中国水墨画的艺术效果，创造出一种独有的视觉韵律和深度。

除了上述设置项目外，在画笔面板下方还有五个单独的设置选项。

（1）杂色。杂色给画笔添加随机出现的效果，对于软边的画笔效果尤其明显。

（2）湿边。湿边给画笔添加水彩画笔触效果。

（3）建立。建立可令画笔模拟出传统喷枪的雾状效果。

（4）平滑。平滑可使绘制的笔触产生更流畅的曲线，该选项对于利用数字绘画板进行创作的模式非常有效，缺点是会减缓绘画速度。

（5）保护纹理。保护纹理用于预设所有画笔执行相同的纹理图案和缩放比例。选择该选项后，当使用多个画笔时，可模拟一致的画笔纹理效果。

8.2　国画笔刷创建实例

在数字绘画和设计领域中，创建自定义笔刷是创作者表达个性化风格，提高工作效率以及探索创新视觉效果的重要手段。它们不仅能使创作者在作品中留下独特的个人印记，还能优化特定的工作流程，节省时间并提高生产力。创作者运用精心设计的笔刷，可以模拟特定的画笔效果，解决创作中的特定挑战，实现精确的技术控制。此外，自定义笔刷还能助力创作者建立连贯的视觉品牌，并通过共享促进艺术社区内的资源交流和知识共享，这不仅促进了个人的艺术成长，也丰富了整个数字艺术生态。

本节将详细介绍定制国画笔刷的整个流程，该流程不仅具有代表性，重点在于如何捕捉国画笔触的独特特征，如笔触的流畅性、湿度感，以及压力变化对笔触效果的影响。定制国画笔刷的方法也适用于制作其他风格的笔刷，创作者不仅要学习特定的技巧，还要学会将这些技巧运用到不同的艺术实践中，实现举一反三。

1. 创建笔刷

首先创建画布，参数如图8.2.1所示，其中16bit指每个颜色通道（红色、绿色和蓝色）包含16位信息，可以提高细节的精确度，创建笔刷或编辑图像将以更高的色彩深度来处理（见图8.2.1）。

图8.2.1　新建画布参数

使用画笔工具，选择默认的"柔边圆压力大小"笔刷，在画布中进行点绘，整体造型可参考图8.2.2。执行"编辑"→"定义画笔预设"菜单命令，在弹出的"画笔名称"对话框的"名称"文本框里输入"国画润色画笔"，单击"确定"按钮，结束设置，此时便可使用画笔工具选择刚刚创建的笔刷进行绘制（见图8.2.2）。

图8.2.2　为新创建的画笔命名

2. 制作纹理

在创建定制笔刷的过程中，深入设置笔刷参数是必要步骤，在本例中将为笔刷添加相应的纹理效果。在一个新的画布文件中使用一张宣纸素材作为纹理基底，执行"图像"→"调整"→"色阶"菜单命令，优化其作为笔刷纹理的适用性，改善宣纸素材的色彩分布（见图8.2.3）。画笔纹理通常使用灰度图来模拟材料的质感和深度，执行"图像"→"调整"→"去色"菜单命令，将素材转换为灰度图像，更好地强化纹理和明暗。随后分别执行"图像"→"调整"→"曝光度"菜单命令和"图像"→"调整"→亮度/对比度菜单命令，增强纹理素材的深度和细节，从而在应用到笔刷时产生丰富的视觉效果（见图8.2.4）。

使用图层蒙版对纹理素材周边进行虚化处理，至此，纹理效果制作完毕。执行"编辑"→"定义图案"菜单命令，将刚制作的纹理素材定义为图案文件，可将图案命名为"宣纸底纹"（见图8.2.5）。在PS中，"定义图案"功能可以将选定的部分区域保存为一个图案，这样可以在后续的设计工作中重复使用。

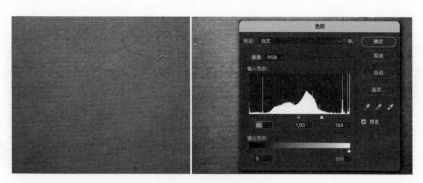

图8.2.3　调整色阶参数

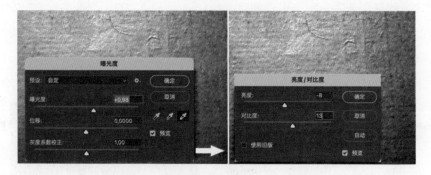

图8.2.4　调整曝光度及亮度/对比度参数

图8.2.5　将当前纹理素材定义为图案文件

3. 继续调整笔刷参数

使用画笔工具，选择已创建的"国画润色画笔"笔刷。在画笔设置面板中选择"图形动态"选项，结合预览观察，适当提高"大小抖动"数值，使线条边缘有微妙的抖动溢色效果以模拟国画中笔触的不均衡润色。将"最小直径"数值调整为0%，将其"控制"类型调整为"钢笔压力"，充分结合数位笔行笔压感变化，模拟虚实结合的绘画效果（见图8.2.6）。

图8.2.6 "形状动态"选项参数

选择"纹理"选项，单击纹理缩略图标，选择已定义的"宣纸底纹"图案素材，将底纹混合"模式"调整为"线性加深"，适当提高"深度"数值，将"控制"模式调整为"钢笔压力"（见图8.2.7）。

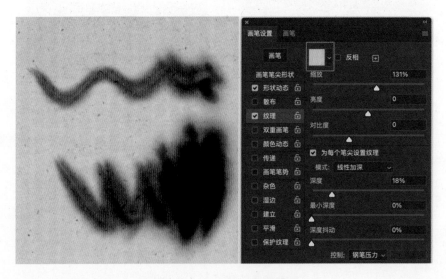

图8.2.7 "纹理"选项参数

选择"双重画笔"选项，在画笔列表中再次选择已定义的"国画润色画笔"，适当提高二次画笔的"散布"数值，让实际绘制效果具有润色扩展的画面表现（见图8.2.8）。

选择"传递"选项，将"不透明度抖动"数值调节为0%，将"流量"与"湿度"的"控制"类型均调整为"钢笔压力"，将笔触颜色间微妙的颜色传递效果通过不同的数位笔压感变得更加浑然天成（见图8.2.9）。至此"国画润色画笔"参数调整完成，单击画笔面板右上方的"弹出"按钮，执行"新建画笔预设"命令，在弹出的对话框中输入画笔名称，单击"确定"按钮完成设置，当前设置参数将被保留（见图8.2.10）

图8.2.8 "双重画笔"选项参数

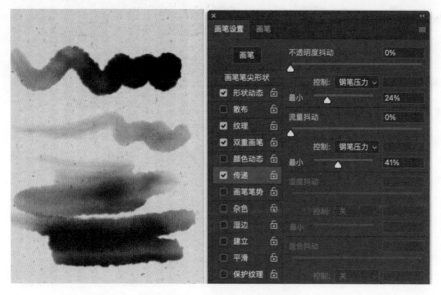

图8.2.9 "传递"选项参数

图8.2.10 新建画笔预设

遵循创建"国画润色画笔"的思路,可以进一步探索和创作类似于国画中常见的枯墨和焦墨等笔刷效果。创建过程与本例画笔创设过程非常相似，都涉及对PS画笔面板中多种参数的细致调整和实验。在制作这些特殊笔刷效果时，关键在于不断调整画笔的各项参数，如笔刷形状、纹理、流量和透明度等，同时观察这些调整如何影响笔刷在画布上的实际表现。这一过程不仅有助于创作者深入地理解和掌握画笔工具的操作，还能提升在实际绘画中运用这些工具的能力。此外，通过实践创作不同的笔触效果，创作者可以拓展自己的笔刷创建思路，在不断实践中加深对笔刷效果的理解和应用，还能激发创作灵感和提升艺术表达能力。随着绘画实践的不断丰富，创作者可为自定义笔刷创建画笔组，方便相关类型笔刷的收集整理。在笔刷创建的对话框中也可选择相应的画笔组。在笔刷框中选择特定画笔组后，可对其进行导出，方便创作者在其他的工作平台的PS中导入笔刷（见图8.2.11）。

图8.2.11　画笔分组及导出

8.3　插件笔刷的相关应用

对初学者而言，熟练掌握画笔面板的所有细节可能需要一段时间和大量的实践。在数字绘画实践中，使用外挂插件笔刷是一种常见和便捷的方法。插件笔刷指PS系统自带的标准笔刷之外的各种风格笔刷类型，涵盖了从模拟真实笔触到生成特殊效果的各种风格。用户可以将这些外挂插件笔刷文件保存到计算机硬盘中，并在PS中根据实际的绘画需求随时载入和调用。这种方法的优势在于能够迅速扩展创作者的笔刷库，让画面表现更加丰富多彩，并显著提高绘制效率。对于初学者来说，这既是一种探索不同绘画风格的方式，又是一种学习和灵感的来源，帮助他们逐渐适应并掌握数字绘画的各种技巧和工具（见图8.3.1）。

图8.3.1 不同风格主题的笔刷

确保当前工具为画笔工具，在画布上单击数位笔功能键或右击，会自动弹出笔刷选择菜单。单击"设置"按钮，在弹出的菜单中选择"导入画笔"命令，找到插件笔刷的存储路径并选择载入，常规笔刷文件类型为ABR文件（见图8.3.2）。

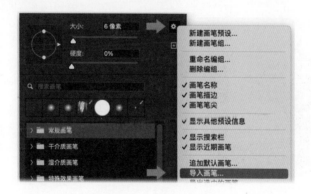

图8.3.2 导入画笔

在众多风格的画笔类型中，可按照绘制方式将笔刷大致分为适合点绘式绘制的笔刷和适合涂抹式绘制的笔刷两类。

（1）适合点绘式绘制的笔刷。适用于点绘风格的笔刷可以创建鲜明、独立的造型效果，类似盖章，一次单击即可完成。这种笔触在绘制时保持其独有的形态特征，避免了传统绘画中反复笔画可能带来的特性弱化。这样的笔触特别适合于素材拼接绘制，将笔触本身作为画面的一部分（见图8.3.3）。

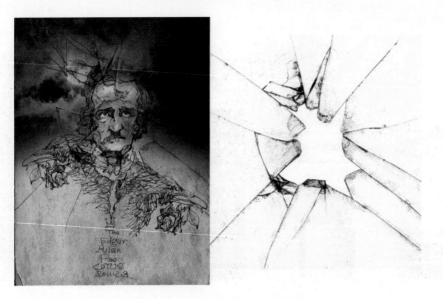

图8.3.3 点绘式绘制的笔刷应用

（2）适合涂抹式绘制的笔刷。这种笔刷类似于肌理类笔触效果，行笔方式多以往复绘制为主，与现实绘画的运笔方式更加接近（见图8.3.4）。

图8.3.4 涂抹式绘制笔刷应用

创作者可将当前插件笔刷作为基础，根据实际绘制需求，继续使用画笔面板对不同选项的参数进行深入调节，灵活应用于画面表现。对于调节效果不错的笔触，也可整理保存。

在数字绘画实战中，特别是对于初学者和那些希望快速完成作品的人，使用现成的优质笔刷是数字绘画中的一个明智之举。这些笔刷通常由专业人士设计，经过多次调整和优化以达到特定的绘画效果。它们在很多方面都是时间的缩影，允许创作者不必从零开始设置参数。

在开始绘画之前，先浏览笔刷库，试用每个笔刷，体会它们的默认效果。虽然现成的笔刷已经很出色，但每个创作者都有自己的绘画风格和技巧。因此，可能需要对笔刷进行微调，使其更符合自己的需求。观察调节前后的微妙变化，就会对笔刷相关属性参数具有更深的理解。尝试不同的笔刷和不同的设置，逐步会对画笔面板功能有一个相对立体的认知。

小结

本章详细介绍了PS画笔面板的主要选项和参数设置，深入探讨了国画笔刷的创建实例及插件笔刷的有效应用。学习这些内容不仅扩展了创作者对PS画笔工具的综合认识，也提供了对如何更有效利用这些工具进行艺术创作的深刻洞察。通过学习画笔面板的不同设置，创作者能够更全面地理解数字绘画工具的潜力和灵活性。结合实际绘制需求，创作者可以对下载得到的插件笔刷进行细致的参数调整，从而逐步发掘和整理出与自己的绘画风格和表现意图更适合的工具集。通过反复实践和探索，创作者可以不断完善自己的技艺，创造出更多和更有表现力的作品。

作业

1.组织大家收集相关的绘制笔刷并分组制作笔刷图谱。

2.课上组织学生进行笔刷使用体会的分享交流活动。

第 9 章

点吸式绘制技法

　　点吸式绘制是通过"点取"颜色并"吸入"数位笔中进行绘制的技法。点吸式绘制技法为创作者获取和应用色彩提供了一个简便和高效的方法。这种技法不仅简化了选择色彩的过程，还确保了颜色的连续性和一致性。

　　在PS左侧界面的浮动工具箱面板中单击"设置前景色的取色"按钮，弹出拾色器对话框，按照常规的取色方式，先选择色相（图9.0.1中a点），再选取该色相取色范围内的具体颜色（图9.0.1中b点），单击"确定"按钮完成一次常规的取色操作。

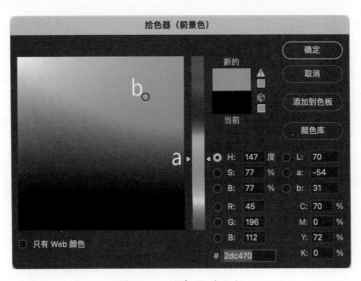

图9.0.1　拾色器对话框

　　从操作演示的角度来看，上述常规的取色方式简便直观，但在绘画性较强的绘制操作中，色彩丰富的画面表现往往需要高频次的取色操作，每次通过拾色器取色方式就比较麻烦。此外，创作者以常规取色方式选择颜色，需投入更多观察、思考和判断，具有较强的主观性和经验因素，然后在画面中再验证和调整，效率较低。在真实绘画中，绘制过程中使用的调色板就是一个天然的色彩库，具有一定的色彩记录功能，很多曾经调配过的颜色与现有画面具有密切的色彩关联，可以充分利用且更加高效。同时，这些调和过的颜色更加丰富，方便创作者直观地选择（见图9.0.2）。

图9.0.2　传统油画绘制时使用的调色板

　　点吸式绘制技法是对常规取色方式的有力补充，PS中所有绘制类工具都可以使用点吸式的取色操作来变换前景色，取色操作的过程是完全一致的。画笔工具是使用效率最高的绘画工具，与点吸式取色操作的结合也最紧密（见图9.0.3）。

图9.0.3　画笔工具

　　在PS中打开相关画面，确定当前工具为画笔工具，选择一款具有绘制感的笔刷，此时在数位笔光标位置呈现当前笔刷形状，按Alt键，数位笔光标变为拾色器（吸管）图标，使用数位笔单击画面，会出现一个圆环状的"拾色盘"，由上下两个半圆环相接。上半环呈现当前取色采样，颜色会随着数位笔在画面中单击的不同位置而实时变化，取色坐标位于拾色盘圆心位置的像素点，这个像素点的色彩提供了当前的取色信息。下半环则呈现前一次取色的色样，上下半环的色彩采样会形成对比关系，有助于创作者更加直观地进行取色判断（见图9.0.4）。当数位笔笔尖上提离开画面（数位板感应区）时，拾色环消失，至此完成了一次点吸式取色的操作。

图9.0.4 "拾色盘"示例

　　点吸式绘制就是数字绘画创作者根据画面的实际绘制需求，在点吸式取色后进行特定区域的绘制操作。图9.0.5展示了一幅油画的局部画面，创作者试图将现有墙体上的木板图像去掉，使用画笔工具快速吸取木板周围邻近墙体的颜色，在木板位置进行覆盖绘制，改变了画面的原有内容，从而完成了一组典型的点吸式绘制操作。在素材画面中，墙体绘制具有较为清晰的笔触感，色彩变化很细腻，在此案例中依次吸取邻近不同的色彩信息，共进行了4次点吸式绘制。

图9.0.5 较为典型的点吸式绘制

9.1　覆盖点吸式绘制

　　覆盖点吸式绘制是一种直接在照片素材上进行的绘制方法。这种绘制方式要求创作者充分利用自身的绘画经验，根据素材提供的具体造型进行绘制。在绘制过程中，创作者应该努力使笔触位置尽可能贴合物体的结构。对于初学者来说，覆盖点吸式绘制是一种有针对性的专项练习。由于照片素材提供了明确的造型和色彩关系，以此为参考具有很强的辅助作用。创作者可以直接从素材中取色，并在相应位置上进行形体塑造的绘制。这种方法能够快速地将照片素材转换成具有绘画风格的数字画作（见图9.1.1）。

图9.1.1 覆盖点吸式绘制

数字绘画的初学者可选择一个结构较为简单的物体作为覆盖点吸式绘制的素材参考，下面以橘子作为范例进行介绍。选择笔刷方面，要选具有一定机理效果的笔刷，可以更好地增强直观的绘制意象，本例中选择"大涂抹炭笔"。图层序列方面，要在照片素材层之上创建点吸式绘制的图层，然后在此图层上进行后续的绘制操作（见图9.1.2）。

图9.1.2 具有笔触感的笔刷效果

在绘制过程中，可从结构素描的角度对橘子形体块的结构线和转折点等位置进行规划，做到心中有数。在原位覆盖点吸式绘制时，笔触落笔的范围要以每次颜色拾取点为中心并适度展开，建议采用复合式的运笔方式绘制，运笔感觉可参考水粉画的笔触，如往复式运笔、螺旋状运笔或顺向的重复运笔。邻近的绘制笔触的描绘方式尽可能有所差异，力求统一中有变化，笔触不宜过大或过小（见图9.1.3）。

覆盖点吸式绘制在实际绘画中也未必能做到100%覆盖。将覆盖点吸式绘制图层的底图转换为透明底图、白色底图，或直接将该层的绘制内容变为黑色，可以更直接地观察到覆盖点吸式绘制的面积占据了绝大部分，并且笔触之间会留有一定的空隙（见图9.1.4）。

图9.1.3　不同行笔方式的点吸式绘制

图9.1.4　覆盖点吸式绘制的笔触空隙示例

　　在本例中，通过将"覆盖点吸式绘制"图层向右移动，可以清楚地观察到两层之间的叠加关系，一部分照片素材通过这些空隙显露出来。照片素材与覆盖点吸式绘制层的重叠产生了综合的图形意象，创造了一种独特的视觉效果。覆盖点吸式绘制与素材的结合具有互补性，相互穿插、相互借力。观众在欣赏大面积的绘制效果的同时，也能感受到照片般真实的局部细节，产生一种"逼真绘制效果"的视觉心理印象。在本例中，覆盖点吸式绘制的范围不仅包括了橘子本身，还扩展到橘子与背景的边缘衔接处，这种方法有意模糊了清晰的边界，避免了过于照片化的真实印象，属于营造视错觉的巧妙处理（见图9.1.5）。

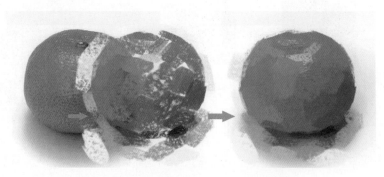

图9.1.5　覆盖点吸式与素材叠加示例

覆盖点吸式绘制基本完成后需要合并所有可见图层，并在此基础上选择工具箱中的混合器画笔工具进行混合绘制。混合绘制具有"衔接"的效果，可以使现有画面的色块、笔触等综合画面元素更好地混合交融。混合绘制是对现有画面的融合和提升，应点到为止、不宜过多，避免呈现过于密集的罗列感。此外，混合绘制的效果与笔刷图形有关，在本例中采用近似"排线"效果的笔刷，努力达到独特的融合，使画面更加细腻（见图9.1.6）。

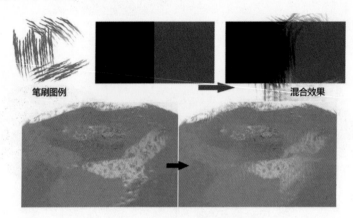

图9.1.6　混合画笔衔接绘制

使用涂抹工具，选取一款笔触感较强的油画笔刷在橘子的边缘位置进行涂抹绘制。在原有画面表现意象的基础上，适当融入"宁方勿圆"的绘画感觉。添加涂抹效果也是点到为止，目的是继续丰富画面的绘制言语（见图9.1.7）。在本例的后半程运用了多种绘制方式进行画面加工，混合画笔、涂抹等工具都是非常实用的画面处理工具，在第12章将深入讲解。

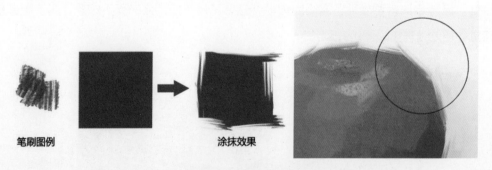

图9.1.7　边缘涂抹

覆盖点吸式绘制遵循"面积先导"的理念，覆盖点吸式绘制只是覆盖了较多的原素材面积，与原素材在画面组织中互有穿插、相互借力。观众能注意到局部原素材的照片级呈现，但从宏观视角看到的是绘制感十足的覆盖点吸式绘制效果，从而产生"某些逼真细节也是绘制出来的"视觉错觉。一些将明星、伟人肖像作为素材基础的点吸绘制作品，在人物眼睛或重点五官的局部位置处理上非常谨慎，甚至有所保留，有意让原素材部分依稀呈现出来，并与整体覆盖点吸式绘制充分融合，形成绘制感十足且人物生动传神、画工精湛的观感。

在综合性较强的数字绘画创作过程中，创作者往往采用一定的素材组织画面内容，素材受角度或姿态等诸多因素影响，不一定能尽善尽美，创作者不能简单以"拿来主义"的态度直接进行覆盖点吸式绘制，可将其作为参考基础，点吸丰富的色彩信息，在相应的位置进行造型上的再创造和提炼，从而达到画面深入的效果。这种基本的点吸式绘制在阶段性的绘制基础上也可以灵活运用，在实际的绘制中可在新建图层上操作，便于后期的调整处理。覆盖点吸式的拾色绘制操作在当下较为流行的绘制软件中广泛适用，多数软件的快捷键应用都延续了PS的操作方式，创作者可结合相关软件特有的笔刷特性进行尝试，不断拓展丰富自己的绘画表现。在图9.1.8所示以鹰为主体的绘制中，覆盖点吸式绘制阶段就是在Painter中操作的，具有较强的手绘表现效果。

图9.1.8　通过覆盖点吸式绘制进行物体的塑造和提炼

在数字绘画中，"调色板"已经扩展为通过现成的绘画或照片来拾取色彩。通过这种方式，预设色彩关系的图片直接变成实用的调色板。例如，从一张特定色调的雪景照片提取色彩，这比传统调色板更快捷，这种方法对于捕捉和重现现实世界中的色彩关系极为有效（见图9.1.9）。

使用画笔工具，结合一些独特绘画表现的肌理笔触，在原始图片素材上或新建图层中进行绘制。按下Alt键吸取素材图中的颜色，然后松开Alt键，并在相应区域以画笔工具进行绘制，从而实现精准和细致的颜色复制。这种绘制技巧的关键在于行笔方式

图9.1.9　具有色彩和造型关系的调色板

的多样性。无论是"往复"式的绘制，还是一笔甩过的风格，或是其他更多的变化形式，都需要遵循两个基本原则，一是所拾取的颜色与相应绘制区域要匹配；二是行笔方式需要有利于绘制中的形体塑造。在实际绘制过程中，创作者需要根据自己的理解有效地"归纳"并重塑原有造型，同时保持忠实于实际物体的形态。这种"覆盖点吸式"绘制不仅是对绘画技巧的一种训练，也是对观察力和细节处理能力的锻炼。通过这种方法，创作者能够更深入地理解物体的形态和颜色变化，从而更准确地捕捉和表现现实世界中的物体和场景。这个练习过程中的目标是学会如何将观察到的细节转换为具有表现力的绘画语言，进而提高整体的绘制水平和作品的真实感。

　　通过采用点吸绘制方法，创作者能够高效地利用素材资料中已存在的色彩关系。这种方法涉及一系列连续的操作：首先在素材图上选择颜色，然后根据绘制需求调整前景色。这可以通过直接在拾色器中选取相应颜色或稍微调整已吸取的颜色来完成。实质上，这种绘制方法依然是基于形体塑造的原理，但它利用了素材图中现成的色彩组合，从而显著提高了绘制效率。在绘制过程中，创作者不断地重复"点吸"动作，根据绘制的需求选择和调整颜色。这不仅加速了绘制过程，而且能保留原素材的色彩真实性和丰富性。此外，这种绘制技巧也有助于提升创作者对色彩运用的理解和敏感度（见图9.1.10、图9.1.11）。

图9.1.10　覆盖点吸式绘制的初步阶段

图9.1.11　覆盖点吸式绘制的深入阶段

　　素材与覆盖点吸式绘制相结合的技法是基于素材资料现有造型和色彩信息的"整合式"数位绘制，这种绘制流程改变了传统绘画线性的绘制流程，通过数字化的方式进行逆向绘制，充分提高了绘画效率（见图9.1.12）。

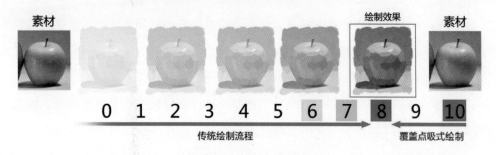

图9.1.12　逆向绘制示例

　　逆向绘制是数字绘画中一种创新的思路和实现手段。在数字绘画中使用素材虽然效率极高，但也存在一定的局限性，因此，掌握传统的线性绘制技法对于创作者来说非常重要，它可以有效地补充素材依赖的绘制方式，使整个创作过程更加灵活和自由。覆盖点吸式绘制方法允许创作者充分利用图层叠加等数字绘画软件的技术特性，完成传统意义上的顺时针线性绘制。这种绘制过程与传统绘画有许多相似之处，从而为数字绘画提供了更广泛的创作思路和技术手段。在复杂画面的表现中，多层叠加的点吸式绘制尤其实用。通过不同图层之间的层叠关系，可以创造出复杂而丰富的视觉效果。在传统绘画中，调色板是绘制过程中不可或缺的工具，创作者通过观察和判断，在调色板上调配色彩，并将其应用于画布上，组织画面，塑造形体和空间。尽管PS的拾色器是一个重要的工具，用于选择和变换当前颜色，但每位创作者的用色习惯不同，最终的结果也各有特色。这突显了数字绘画中个性化色彩选择和应用的重要性，鼓励创作者根据个人风格和项目需求自由地探索和选择色彩，以丰富其作品的表现力和视觉吸引力。

9.2 点吸式绘制的衔接技法

在真实素描绘画中，创作者多采用铅笔"排线"的表现方式对现有画面色调进行微妙地衔接过渡处理；在油画、水粉绘制过程中，将调节好的"中间"色调笔触绘制在色调与色调的衔接位置以达到色调间过渡的效果，或采用添加调色油或水等介质来稀释颜料，方便画面笔触、色调的融合。在数字绘画中，点吸式绘制作为基本的绘制技法，同样也是画面笔触、色调之间的衔接绘制最为基础的实现手段，无论是最初的概念构思还是绘制中后期的形体塑造，点吸式绘制都贯穿于数字绘画创作过程的始末，是数字绘画最为基本的绘制技法，也是数字绘画造型绘制表现的重要手段。暂不考虑色彩因素，从单色绘制的角度更深入地剖析点吸式绘制的特点，有利于让初学者了解数字绘画的基本绘制方法和操作技巧，具有较强的代表性。

在衔接绘制的过程中，点吸取色环节的基本操作要领保持不变，重点在于绘制环节的多样性呈现，这种绘制效果的多样性源自数位笔的压感特质和画笔属性的丰富多变，让绘制笔触的明度维度尽可能延展开来。点吸纯黑色作为前色，用数位笔压感的变化绘制出一条由浅入深的波浪线条，创作者可以在握笔、行笔轻重缓急的手感中不断地体会；点吸纯黑色作当前色，通过快捷键迅速调整画笔的"不透明度"属性，绘制出明度丰富的笔触（见图9.2.1）。

图9.2.1 压感和运笔速度的变化效果

色彩之间的衔接绘制是数字绘画的基础训练，黑、灰色块的衔接绘制具有一定的代表性，充分运用数位笔不同的压感变化、笔触重复叠加次数等综合因素来绘制不同明度的色彩意向。图9.2.2中通过改变笔触重复叠加的次数，形成了不同明度的色块。

图9.2.2　不同压感和重叠次数的笔触效果

　　将黑、灰两色块放置于画面左右两边，之间保留一定距离，方便随后的衔接绘制。首先使用画笔工具，选择具有一定肌理感效果的笔触类型，分别点吸位置a、b的色彩，在两个临近色块的位置进行绘制，图9.2.3中所标注的数字6代表重复叠加绘制的次数。创作者可根据实际效果灵活把握用笔压感和绘制次数。

图9.2.3　临近色块点吸式绘制

　　在图9.2.4中点吸位置a1、b1的色彩，继续在邻近位置进行重复叠加绘制，适当降低数位笔压感，有意形成一定色阶变化过渡的绘制意向。

图9.2.4　进阶点吸式绘制

　　以这样的方式继续点吸式绘制中间的邻近区域。在本例中结合画面实际效果，适当缩小画笔笔刷直径，分别点吸位置a、b的颜色，在初始色块与绘制的衔接部分继续进行补充式过渡绘制。这种绘制方式特别像素描中的排线，创作者可根据整体效果灵活掌握（见图9.2.5）。

　　使用矩形选框工具███对现有绘制的多余部分进行选择，执行删除，整理出相对完整的矩形过渡效果。至此，通过数位笔压感变化进行点吸式临近绘制形成过渡效果的绘制案例结束（见图9.2.6）。

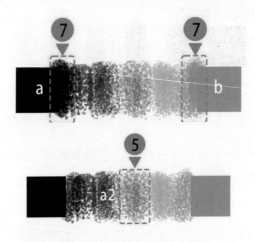

图9.2.5 补充式点吸绘制

图9.2.6 成稿效果

在实际过渡衔接的绘制中，不一定能一步到位，可采用原位置重复叠加绘制的方法，或适时调整数位笔行笔压感，做到一切从实际效果出发。这种绘制体验更接近于真实绘画中反复描摹的绘制过程。创作者在熟练掌握基本操作的前提下，可不断尝试各种笔触，产生丰富的色调衔接肌理效果，在实际绘制中对画面表现的丰富性具有积极意义（见图9.2.7）。

图9.2.7 不同笔触的色调衔接效果

在数字绘画中，调整画笔的"不透明度"为色调的流畅过渡创造了可能。当需要选择画笔工具，仅需轻击数字键1~9，就可以直观地看到工具属性栏中的"不透明度"实时响应这些变化。例如，敲击1键1次，画笔的不透明度便会降至10%；连续敲击1键两次，不透明度则上升到11%。这样的快捷调整方式为创作者提供了更为流畅的创作体验。特别是在使用点吸技术选色后，将画笔的压感与不透明度结合起来，色调的过渡和衔接表现得更为自然（见图9.2.8）。

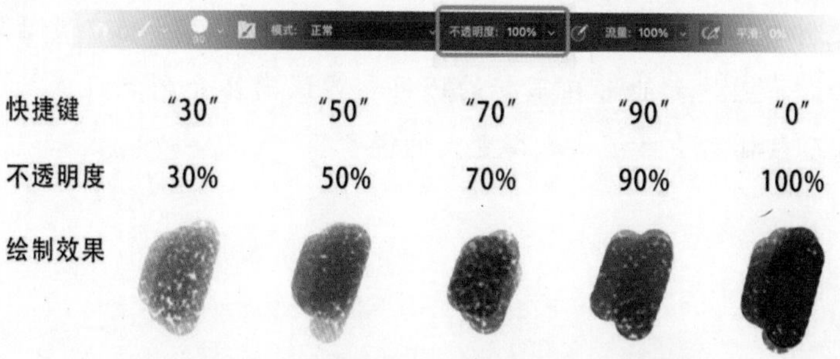

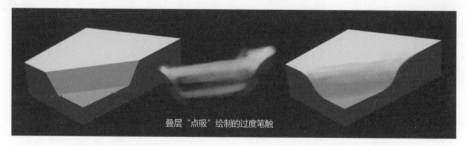

图9.2.8 "不透明度"参数变化与绘制效果

图9.2.9中的实例非常具有典型性，平时我们的绘制经常以块面结合的方式，强调"宁方勿圆"，但是在过渡环节，要通过很多细腻的笔触进行完善，这种点吸式的绘制就很好地解决了这个问题。

图9.2.9 画笔压感与"不透明度"相互配合的画面衔接效果

小结

本章全面介绍了点吸式绘制技法，这是数字绘画中的一项基本技能。详细解读了取色绘制的操作步骤，并通过水果绘制案例深入探讨了这一技法。对覆盖点吸式绘制进行了详细说明，并介绍了点吸式绘制与其他技法的衔接方法。通过本章的学习，读者可以全面理解点吸式绘制的基础原理和操作方法，以及如何在实际绘制中灵活运用这一技法。希望读者能够在不断的练习和尝试中体会到点吸式绘制的精髓，从而在数字绘画领域取得更大的进步。

作业

1. 使用叠层点吸式绘制的方法绘制静物照片素材，需注重笔触与物体形体的结合，注重质感的区分与表现。

2. 以点吸式素描综合绘制相关讲授为参考，进行石膏像数位写生练习。

第 10 章

"广义画笔"意识

在传统绘画中，创作者使用各种物理方法和工具来实现所需的视觉效果。例如，在油画创作过程中借用肌理作画以获得视觉的满足，这是古典写实绘画常用的技法。现代派画家更注重肌理，甚至将布片、草根、树叶等实物直接贴于画面之上营造肌理效果；有时为了表现绒毛状画面效果，会在铺好颜色的地方使用小笔杆、硬木棍等点出绒毛状肌理；水彩画未干时通过撒盐吸色的方式，提取散点式的肌理效果；为使素描作品整体效果更加古朴，在绘制之初用浓茶水将纸面擦拭并裱在画板上，使画纸有种"做旧"的感觉；软橡皮（俗称素描橡皮）和纸笔也是不可或缺的绘画工具，对画面中高光的提炼、调子的调整和衔接都会起到立竿见影的作用。有时为了让画面局部明度更加统一"入调"，创作者会习惯性地用手指蹭一蹭，或者找些卫生纸轻轻擦一擦；亮面上的一些精妙的高光，还可使用尼龙笔蘸白色水粉颜料"提一提"。这些布片、草根、树叶、盐、纸笔以及手指的涂抹丰富了人们对于传统"画笔"的印象（见图10.0.1）。绘画工具广阔的延展性可见一斑，真实的绘画是这样，那数字绘画更是如此。

数字绘画提供了一个软件环境，其中的工具和方法可以被编程和自定义，以满足任何创意需求。在数字绘画领域，广义的"画笔工具"概念包括了一系列功能和能力。例如，自定义笔刷允许创作者模仿实际的画笔、铅笔或任何其他绘画工具，功能甚至超越真实的工具，创造出独特的效果；数字绘画软件允许创作者应用各种纹理，

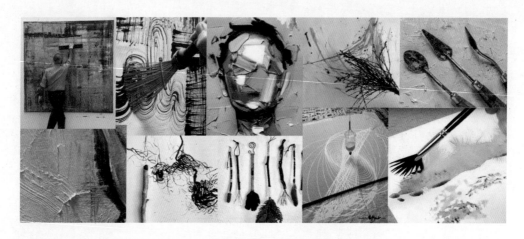

图10.0.1　多元的绘画工具与艺术表现

这些纹理可以模仿真实的画布、纸张或其他表面，也可以完全是凭空想象出来的；在数字环境中，创作者可以模仿油画或水彩的混色效果，或创造出全新的混色方法；橡皮擦工具具有多功能性，除了简单擦除，现代的数字绘画软件还提供了多种橡皮擦工具的选项，允许创作者创建各种边缘和效果。数字绘画的广义"画笔工具"概念为创作者提供了无穷的可能性，使他们能在一个完全定制和可控的环境中创作。这也强调了现代的数字绘画创作者深入了解并掌握这些工具和技术的重要性。

10.1　涂抹绘制技法

涂抹绘制技法是"广义画笔"的重要组成部分，在数字绘画表现中应用较广，尤其在素材综合绘制技法中起到了至关重要的作用，对素材画面现有像素组织关系的重新布局及画面色调之间的衔接处理，都有恰到好处的应用效果，为画面增添了较强的真实绘制感，大大提升了画面品质。

涂抹绘制技法允许创作者重新安排和布局画面中的像素，这不仅改变了原有图像的视觉结构，还增强了作品的艺术表现力。通过这种技法，可以实现不同色调之间的流畅过渡和混合，从而创造出更为自然、和谐的视觉效果。

涂抹绘制技法的应用使数字画作具有更强的真实绘制感，接近传统绘画中的笔触和纹理效果。它不仅为创作者提供了更多的创作自由和表达方式，还丰富了数字艺术的语言和可能性（见图10.1.1）。

图10.1.1 使用涂抹绘制技法模拟油画绘制效果

在使用涂抹工具时，想要快速选择适合的笔触可以通过单击界面上方的"画笔预设选区器"按钮或按数位笔的功能键，在弹出的笔刷列表菜单中选择来实现。基于笔触效果的多样性，涂抹融合的效果也相应变得更加丰富和多元，包括块面交错融合、点团式融合、模糊式渐变融合等多种方式。

为了更好地掌握这些笔触效果，创作者可以在当前图层创建两个邻近的矩形色块，以尝试不同笔触的涂抹融合效果。随着数字绘画创作者实践经验的积累，掌握具有代表性的笔刷涂抹效果并熟记于心，将在绘画过程中为创作者提供极大的便利（见图10.1.2）。

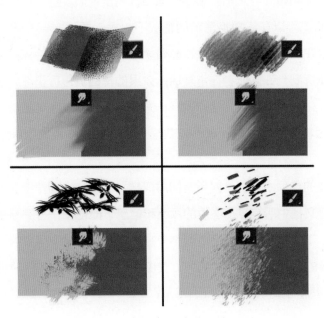

图10.1.2 基础色块涂抹融合效果

为了使涂抹绘制的效果更加鲜明和显著，可以在涂抹工具属性栏中将"强度"数值调至100%。涂抹工具的"强度"设置是直观且易于理解的，其效果在某种程度上类似于画笔工具的"不透明度"和"流量"。"强度"数值设定得越高，涂抹效果越明显和强烈。

这种设置在模拟真实油画的绘制过程中尤其有效。例如，较高的"强度"值会产生一种类似于使用浓厚颜料的干画法效果；而较低的"强度"值则更接近于使用较多调色油的润色画法。这样的调整提供了对涂抹效果微妙控制的可能性，增强了创作的灵活性和表现力。可通过按数字键1、2、3……0来迅速调整"强度"值，快速且精准地切换为不同的涂抹强度（见图10.1.3）。

100%强度　　　　　　　　　　　10%强度

图10.1.3　涂抹工具不同"强度"值对比效果

单击涂抹工具属性栏中的"切换画笔面板"按钮或按F5键，会弹出画笔属性的浮动面板，其功能和布局与之前介绍的画笔面板完全相同。这为创作者提供了一个熟悉的界面，使他们可以在不更换笔刷的情况下根据需要适时调节各种相关属性和参数。创作者可以在这个面板中实时观察随着属性调整而产生的涂抹融合效果的变化。这种灵活的调整机制允许创作者在常规涂抹效果的基础上进行更细致的调整，从而实现更精确和个性化的涂抹效果。这样的操作方法不仅增强了涂抹工具的控制感，也使绘制过程更加顺畅和直观，进而使涂抹效果更加符合创作者的创作意图和风格需求（见图10.1.4）。

在涂抹工具的选项中勾选"对所有图层取样"，它允许创作者在使用涂抹工具时参考并使用当前文档中所有可见图层的颜色和信息，即使创作者实际是在一个空白图层或特定图层上作画，涂抹工具仍然会参考并"拖动"其他图层上的颜色和纹理。这对于创建更复杂的效果特别有用，例如，在保持原始图层不变的同时在一个新图层上混合和涂抹多个图层的内容（见图10.1.5）。

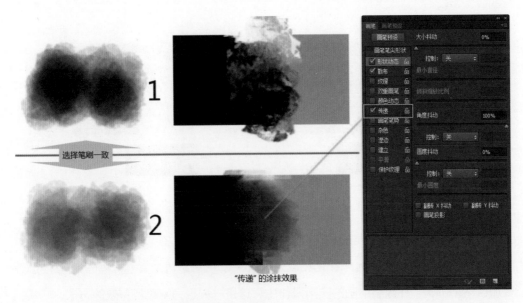

图10.1.4 "传递"的涂抹效果

图10.1.5 "对所有图层取样"的涂抹效果

　　"手指绘画"是一个实用的功能,它在传统的涂抹操作基础上融合了额外的色彩因素,从而使涂抹效果更加丰富多彩。当启用这一功能时,涂抹融合的色彩主要以当前设置的前景色为基准。如果在画面的空白区域使用启用了"手指绘画"功能的涂抹工具进行操作,效果将直接呈现出类似于画笔工具的绘制感。这种效果仿佛是用手指蘸取颜料在画布上直接涂抹绘制,能创造出一种独特的、模仿手工绘画的视觉效果(见图10.1.6)。

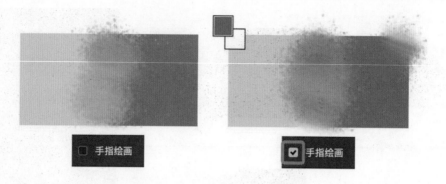

图10.1.6 "手指绘画"的涂抹效果

使用柔边圆头压感笔刷的涂抹工具，能够在现有色块之间创造出柔和而细腻的过渡效果。这种笔刷特别适合于细化和融合画面中的色块边界，使整个画面的颜色过渡更加自然和协调。在数字绘画的实际操作中，这是一种极为常见且有效的方法。

图10.1.7（a）中显示了没有应用涂抹工具时图像中色带的清晰边界和阶段。在数字绘画的初级阶段通常使用直接变换前景色或点吸式绘制方式来构建画面，这个阶段的绘制可以更为自由和大胆，无须过分关注色彩块面之间的过渡和衔接。这是一个探索和实验的阶段。图10.1.7（b）所示为选择默认的柔边圆笔刷作为涂抹工具在默认设置状态的涂抹效果。图10.1.7（c）展示了一种特定设置的涂抹效果，将之前的块面衔接完全融合，创造出了一种平滑的渐变效果。使用涂抹工具实现图10.1.7（c）所示的绘制效果的具体参数如图10.1.8所示。

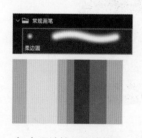  

（a）无涂抹工具的效果　　（b）柔边圆笔刷的涂抹效果　　　（c）平滑的渐变效果

图10.1.7 涂抹与融合过渡示例

在数字绘画的实践中，积极探索和尝试是掌握各种涂抹笔刷特性和应用场景的关键。每种涂抹绘制都有独特的质感和效果，了解这些特性对创作者创作出具有个性化风格的作品非常重要。通过持续的练习和实验，创作者可以逐步熟悉涂抹工具不同笔刷的绘制效果，从而更加自如地运用这些工具来表达自己的创意和艺术理念（见图10.1.9）。

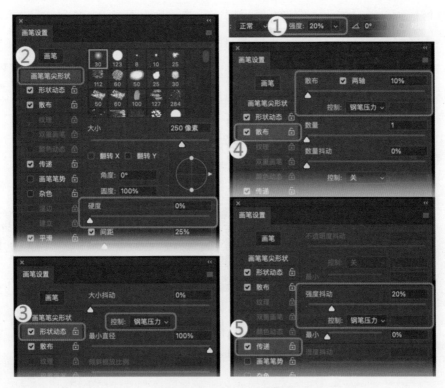

图10.1.8　融合涂抹参数

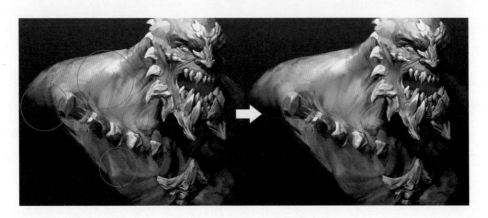

图10.1.9 画面涂抹绘制效果

以图10.1.10所示的苹果照片素材为例，可以创建一个新的空白图层并使用涂抹工具来进行艺术创作和编辑，进一步增强照片的视觉效果。首先，在苹果照片图层上创建一个新的空白图层，可以在不影响原始图像的情况下自由地进行编辑和创作。然后在涂抹工具中选择一款笔触感较强的绘制笔刷，根据具体需求调整笔刷的大小。

选取具有绘画风格特征的笔刷进行涂抹绘制，可以极大地模拟真实的油画或水粉画创作过程。这种方式让创作者能够根据自己的实际绘画经验和作品的具体需求，灵活运用各种绘画技巧。例如，可以采用点状涂抹来营造细腻的细节，使用往复式绘制法以增加动感和层次，或者运用同心圆式的转圈形笔法来创造丰富的纹理和深度。这些技术不仅提升了作品的艺术表现力，也为数字绘画带来了更加贴近传统绘画的体验。

图10.1.10　多样的涂抹笔法

在对苹果图片素材进行初步涂抹绘制时，重点在于融合苹果的形体结构与笔触塑造的块面结构关系。这一过程与油画或水粉画的笔触绘制方式极为相似，为创作者提供了丰富的体验空间。在初步涂抹过程中要多尝试，以便更好地掌握这项技术。原照片素材中的特定区域含有丰富的像素色彩信息。在涂抹取样过程中，这些像素信息被捕捉并在涂抹中得以体现。与使用单一平面前景色绘制相比，涂抹绘制方式使素材信息更为丰富，正确应用笔刷还可以增强绘画的质感和颗粒感，进而强化"绘画意向"的表达。

采用原位涂抹绘制的方式，易在画面素材原有位置上进行涂抹，实质上是对原始画面素材的像素色彩信息进行重组。单独显示涂抹图层时，最初阶段的涂抹绘制可能只覆盖了元素画面的大部分而非全部。然而，当涂抹绘制层与原素材层重叠后，就会形成一种相对完整的绘制感受。这是一种"大面原则"的视错觉效果，即使涂抹绘制面积没有全覆盖，其占据的主导位置也会形成主要的视觉感受，给观者带来深刻的艺术印象（见图10.1.11）。

完成第一层涂抹绘制后，可在其下方创建一个名为"中层涂抹"的新图层。这个图层将作为对先前涂抹绘制的重要补充，专注于填补第一层涂抹留下的空隙。在图10.1.12中用黑色标记出了"中间涂抹"层的具体绘制区域［见图10.1.12（b）］。由于启用了"对所有图层取样"的功能，这个独立的"中层涂抹"图层虽然位于最初涂抹层之下，但其绘制效果并不会影响上方的图层［见图10.1.12（c）］。相反，它实

图10.1.11　第一层涂抹绘制效果

际上帮助实现了画面涂抹的有效融合，增强了整体作品的深度和维度 [见图10.1.12 （a）]。这种层叠式的绘制方法不仅保留了上层涂抹的独特效果，同时也在不同层次之间创造了和谐的过渡，使最终的视觉效果更为丰富和立体。

（a）涂抹融合后的效果　　（b）标记"中间涂抹"层绘制区域　　（c）"中层涂抹"图层
图10.1.12　中层涂抹叠加效果

　　在完成"中层涂抹"之后，可以在其下方创建一个名为"底层涂抹"的新图层，如图10.1.13所示。这一层的涂抹区域会相对更小 [见图10.1.13（b）]，专注于物体的局部细节。在这个"底层涂抹"层上进行的绘制可进一步增强细节，以强化特定区域的纹理和层次感 [见图10.1.13（c）]。当所有的涂抹层相互叠加后，所产生的视觉效果将非常接近传统油画或水粉画的造型绘制效果 [见图10.1.13（a）]。这种绘制方法通过自上而下的层层叠加和细致调整，能够呈现出较强的绘制感，使数字绘画作品具有类似传统绘画的质感和表现力。

（a）涂抹融合后的效果 （b）标记"底层涂抹"层绘制区域 （c）"底层涂抹"的新图层

图10.1.13 底层涂抹叠加效果

在传统绘画中，画布大小和笔触尺度之间的比例关系对画面的整体感觉和细节表现有显著影响。同样，在数字绘画中，这种比例关系对于模拟真实绘画的绘画意向至关重要。在传统绘画中，画布尺寸不同，即使画笔尺寸相同，产生的笔触效果和组织结构也会不同，这一点在数字绘画中同样适用。选择正确的笔触尺度与画布大小的比例关系，是实现真实绘画效果的关键（见图10.1.14）。

图10.1.14 真实画笔与画布比例的关系

如果涂抹工具的笔刷设置得过小，虽然可以精确地重新组织图像素材的原有像素，但最终画面可能缺乏足够的绘制感，仍然显得过于接近原始的"照片"样式。如果笔刷过大，则虽然画面可能具有一定的绘制感，但可能会过度概括原图片素材的形体和色彩，降低了后续画面深入细化的参考价值（见图10.1.15）。

涂抹绘制笔刷过小   涂抹绘制笔刷过大

图10.1.15 涂抹绘制笔刷过小或过大示例

10.2 混合绘制技法

混合器画笔工具 是PS"广义"画笔功能中非常有代表性的一个工具。它在模拟真实绘画效果方面扮演着至关重要的角色，尤其是在数字绘画的过程中。这个工具的出现极大地丰富了创作者的创作手段，提供了新的表达方式，使数字绘画更加接近传统绘画的质感和深度。混合器画笔工具可以在现有的素材图像或初步绘制的基础上，通过混合不同颜色和纹理的方式，创造出类似于真实油画或水彩画的视觉效果。这种混合绘画的方式不仅能够模拟真实的画面表现，还能在颜色过渡、质感表达及光影效果上提供更加精细和自然的控制。

混合器画笔工具可以混合画布上已有的颜色，模拟真实的油画和水彩画中的混色效果。该工具提供了多种选项，用于模拟不同类型的画笔效果，如湿度、装载量（颜色多少）、混合模式等。创作者可以根据需要调整这些设置，从而控制画笔的行为，如颜色的流动性和混合程度。

在PS中，混合器画笔工具的属性栏提供了多种属性模式，每种模式都配有相应的潮湿度和载入数值的预设，这些模式针对不同的绘画风格和技术而设计，例如，有些模式更适合于模拟湿画布上的油画效果，而其他模式则更适合干画布或水彩画效果。这些预设模式简化了工具设置的选择过程，创作者无须手动调整每个参数，只需要根据自己的绘画风格和目的选择合适的模式即可（见图10.2.1）。

图10.2.1 干燥模式参数设置

使用混合画笔绘制时，可根据实际创作需求，在原素材图层直接进行混合绘制，也可在单独图层上创建一个新的图层以便后期调整，同时原素材层也会得以保留。当选择混合画笔属性栏中 "对所有图层取样"的选项后，当前图层的混合绘制取样信息将涵盖所有图层的特定采集区域（见图10.2.2）。

图10.2.2 选择对所有图层取样

当在PS中使用混合器画笔工具时，结合Alt键，可以激活取色状态。这时使用数位笔在画面任意位置上点击，就能选取该位置的颜色，使之成为混合器画笔笔触的基本色彩。

（1）取色功能。在数位笔光标显示为取色状态时，点击画面的某个位置，属性栏中的"当前画笔载入"按钮的预览框会显示数位笔点击位置的区域图像，这个图像反映了将要用于笔触的基本色彩。

（2）点绘方式。使用点绘方式在空白区域点击绘制时，实际效果会与属性栏中"当前画笔载入"图像非常相似，允许创作者精确控制色彩的放置和分布。

在接下来的实例中，特意选择了具有强烈块面感的扁平笔刷来模拟真实绘画中的笔触效果，尤其需要在数字绘画中重现传统绘画的质感和风格时，这是一种有效的策略。

（3）选择扁平笔刷。扁平笔刷因其宽阔的边缘和独特的形状，非常适合于创造具有块面感的笔触。这种笔刷可以模拟类似刮刀或宽平画笔的效果，在绘制宽阔笔触和强调形体塑造时特别有效。

（4）调整笔刷角度。调整混合器画笔工具的笔刷角度是一个重要的步骤。通过设置笔刷的倾斜角度，可以确保笔触的方向和形状更加贴合绘画对象的形体结构（见图10.2.3）。

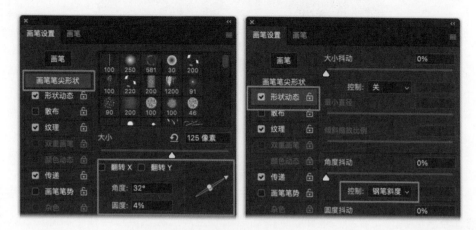

图10.2.3　选择笔尖形状和调整笔刷角度

　　在实际绘画过程中，这种对笔刷的精心选择和调整，使创作者能够在模拟真实绘画效果时拥有更高的控制度和表现力。这种技术不仅用于模仿传统艺术风格，也为创造独特的数字艺术风格提供了广阔的可能性（见图10.2.4）。

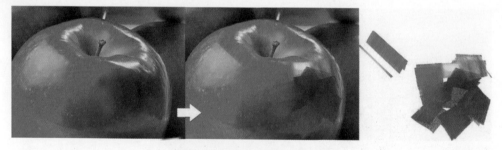

图10.2.4　混合绘制效果

　　图10.2.5直观地展示了混合笔刷取色与绘制效果之间的对应关系。为了清楚地说明这一点，图中特意选择了颜色对比鲜明的取色采样。

　　在取色时，混合画笔①被有意放置在橘子的边缘位置，使笔触的一半捕捉到橘色，另一半捕捉到深色背景。这种特殊的取色方式，在绘制时沿着横向［图10.2.5（a）］和纵向［图10.2.5（b）］都会产生一半橘色一半深色背景的独特绘制效果。这样的笔触创造了一种视觉上的层次感和深度，同时也呈现了颜色过渡的动态效果。

　　混合画笔②的取色位置则被特意放在橘子和苹果的交界处，其中还含有一些深色背景。这样的取色采样在绘制时［10.2.5（c）］也会形成与取色位置一一对应的绘制效果。这种笔触既展现了不同颜色的交融，也增加了画面的丰富性和多元性。

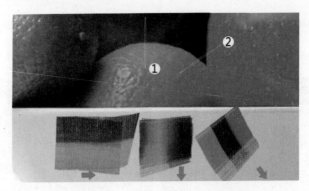

（a）横向　　　（b）纵向　　　（c）斜向

图10.2.5　混合画笔工具属性面板

　　使用混合器画笔工具进行笔触取色采样时，对于后续的绘制角度和绘制区域进行预判是非常重要的。通常，采样时选择的笔触取色角度和区域应与接下来的绘制过程保持一致。这种做法有助于确保绘制效果的连贯性和自然性，特别是在模拟真实画布上的笔触效果时。在绘制过程中可以采用来回往复的行笔方式，这种方式能够创造出一种动态的"摆出"笔触效果，不仅增加了画面的纹理和深度，还能模拟真实绘画中的笔触变化。这种行笔方式尤其适用于模仿传统绘画中的刷子痕迹，如在油画或水彩画中常见的笔触效果（见图10.2.6）。

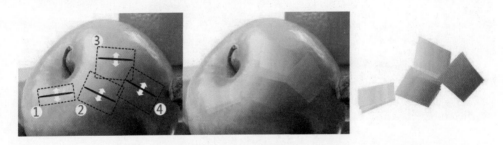

图10.2.6　混合画笔绘制区域示例

　　在PS中，在元素上方的独立图层进行混合画笔绘制，可以有效地改变原有图像的表现意向。通过对图层进行分解显示，可以清楚地看到混合画笔的应用覆盖了画面的大部分区域，但整体的画面意向实际上是混合画笔绘制效果与原始素材相互叠加的结果。这种结合方式巧妙地运用了视错觉的基本原理，赋予作品既有绘制感又有写实感的双重属性，特别是在水果的混合绘制中，这种方法展示了其典型性和有效性。通过在独立图层上进行绘制，创作者不仅保留了原始素材的基本特征，还在绘制层上添加了新的艺术元素和细节。这样的技术手法增强了画面的视觉深度和艺术表现力，也为数字绘画创作提供了更广阔的探索空间和表达方式（见图10.2.7）。

图10.2.7 "当前画笔载入"纯色混合效果

　　通过对比绘制前后的效果可以看到，在当前的绘制过程中，原有素材的色彩信息得到了充分的整合，而造型塑造则呈现出了一种概括化的趋势。这样的处理突出了画面的符号感，为作品赋予了更强烈的艺术表现力。本例中块面的形体塑造刻意模仿了水粉画中的笔触塑形方式，在一定程度上弱化了原始照片的直接表现意图，同时增强了画面的绘制感和艺术氛围。这种从照片的写实风格到更加抽象和符号化表达的转换，展示了数字绘画在模仿传统绘画技巧方面的潜力。

　　当然，要实现更丰富多样的绘画语言，结合使用多种绘画工具是至关重要的。在实际绘制过程中，混合画笔绘制只是其中的一个阶段性工具或单元。它可以与其他数字绘画工具和技术相结合，从而创造出更为细腻和多层次的艺术作品（见图10.2.8）。

图10.2.8 "当前画笔载入"图像混合效果

　　对于初学者来说，在使用混合器画笔工具进行数字绘画练习时，应将行笔和运笔方式与真实绘画体验相结合，这种做法使初学者可以更好地掌握工具的使用，还能提升对绘画技巧和艺术表现的整体理解。

10.3 综合绘画软件的画笔探寻与应用

在数字绘画实践中，创作者可以采用制作"笔刷图谱"的方法更有效地管理和使用各种笔刷，这样可以直观地整理和展示不同笔刷的绘制特性和画面效果。通过这种方式，那些令人印象深刻且常用的笔刷可以被重点标记，以便在实际绘制过程中被快速而方便地调用（见图10.3.1）。

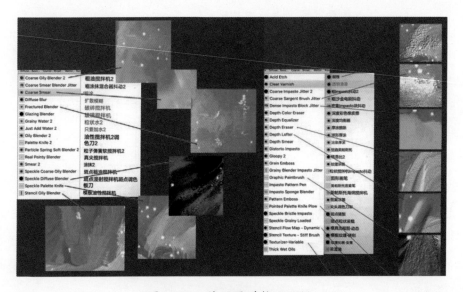

图10.3.1　笔刷图谱整理示例

Painter软件中的画笔工具种类繁多，针对不同绘画门类的特性进行了细致的分类，这极大地扩展了创作者在选择画笔时的可能性。例如Painter里的成体系画笔，其默认参数已经实现了高度真实的模拟效果，可以被充分利用。这些高仿真度的画笔与基础绘画技巧相结合，再加上点吸式绘制等相关技法的应用，可以为创作者在各种风格绘制中提供更广泛的选择和应用空间。将多种绘制软件融入数字绘画的"大绘画"应用概念中，有效拓展了"广义"画笔的应用范围，为数字绘画创作带来更丰富的可能性（见图10.3.2）。

在Painter软件中，厚涂类型的画笔（Impasto）提供了包括厚涂擦除和球形厚涂在内的一些实用工具，这些工具能够帮助创作者快速塑造立体形体，显著提高绘制效率。例如，在绘制恐龙的例子中，前期的工作重点是大致的光影和纹理绘制，而详细的局部形体绘制则可以通过Painter的厚涂绘制工具来完成。这种工作流程不仅提高了绘制效率，还能有效地在画面中呈现出丰富的质感和深度（见图10.3.3）。

图10.3.2 Painter中进行点吸式绘制的效果

图10.3.3 使用厚涂类型画笔快速绘制形体的效果

Painter软件的毛发和粒子效果画笔同样具有细腻的画面表现力，为数字绘画提供了更多的创意可能性。这些特效画笔能够巧妙地与常规基础绘制相结合，融入整个绘制流程中，从而提高整体的绘画效率。创作者利用这些特效画笔，可以在作品中快速实现复杂的纹理和效果，如逼真的毛发纹理或独特的粒子效果，增强画面的视觉冲击力和吸引力（见图10.3.4）。

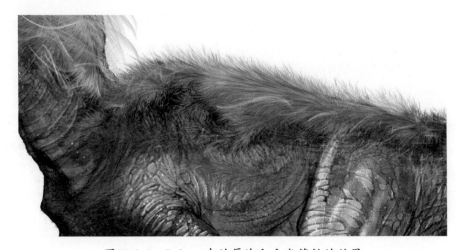

图10.3.4 Painter中的厚涂和毛发笔触的效果

小结

本章介绍了数字绘画中"广义画笔"的重要性，详细说明了代表性的涂抹绘制技法和混合绘制技法，同时也探讨了如何在各种综合绘画软件中探寻和应用不同类型的画笔，帮助读者深化对"广义画笔"概念的理解和认识。在数字绘画创作过程中，创作者应以积极的态度探索各种画笔工具，并充分利用这些工具的特性来丰富作品的表现力。鼓励创作者积极构建和提升自己的数字绘画意识，持续探索新的技法和工具，从而不断提高自己的创作水平和技术能力。

作业

1. 使用涂抹和混合绘制技法进行水果素材的加工绘制。
2. 整理Painter笔刷图谱。

第11章

叠色绘制综合技法

叠色绘制技法在数字绘画中非常实用和高效，这种技法巧妙地结合了图层叠加功能和混合模式的特性，不仅可以与之前提到的圈影法和熏染法相结合，增加绘画的深度和层次感，也可以独立作为一种特色的叠色模式进行组合式绘制。这种技法体现了传统绘画与数字绘画的完美结合，使两方面的优势都得以发挥，共同营造出独特的视觉效果。

本章详细介绍三个绘制实例，讲解叠色绘制技法的关键知识点。希望通过学习本章的内容，使读者能充分理解图层叠加的特性，整合1~10章的知识，根据不同的创作需求，巧妙地将技法应用在自己的作品中（见图11.0.1、图11.0.2）。

图11.0.1　二维动画场景绘制

图11.0.2　传统绘画与数字绘画结合的插画示例

11.1　插画《恐龙》综合绘制技法

　　叠色绘制技法在数字绘画中应用广泛，最大化地发挥了图层功能，并结合多样的绘画技巧，构建了一种全面的创作流程。通过图层堆叠，叠色绘制允许创作者高效地以手绘线稿为底稿，大幅提升了创作的速度和质量。本节将以插画《恐龙》作为实例，利用叠色绘制技法深入探讨数字绘画的创新绘制流程（见图11.1.1）。

图11.1.1　插画《恐龙》完稿效果（局部）

1. 线稿图层加工绘制

在数字绘画中，图层的使用是核心技巧，它能够将图像分割为多个可单独编辑的部分，实现对绘画元素的精细控制和组织。在绘制线稿时，创作者先在纸上完成恐龙的线稿，然后将线稿扫描为数字图像格式，通过调整图层的"亮度/对比度"突出线条并增强纸张的质感。调节后的线稿整体要呈现一定的灰度，然后对线稿图层创建蒙版，准备进行蒙版绘制。在线稿图层下方创建新图层并填充为绿色，便于对线稿层蒙版绘制"抠图"时能清晰地看到绘制效果。

使用画笔工具并选择默认的"圆头硬边压感"笔刷，调整前景色为黑色，对恐龙线稿外的位置进行蒙版绘制，此时透明部分可透过底部绿色图层。请注意，虽然魔术棒工具▨可以快速选取封闭线条外的区域，但这要求铅笔稿的边缘绘制非常精确。过度依赖魔术棒工具可能会牺牲画面线条自然流畅的感觉。因此，在本例中推荐采用手工细致的方式在蒙版上进行绘制，以保持线条的自然美感（见图11.1.2）。

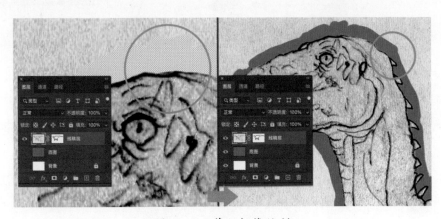

图11.1.2　蒙版抠像绘制

蒙版绘制完成后，直接在蒙版缩略图上右击，执行"应用图层蒙版"命令，将当前效果更新到图层中。复制该层，锁定透明像素，平涂白色，并拖至线稿层下。将线稿层作为白色剪影层（基底图层）的剪贴蒙版层，线稿层叠加方式变为"正片叠底"。

"正片叠底"混合模式是通过将图层上每一像素的颜色值与底层图层上相应位置的像素的颜色值相乘，然后将结果作为新的颜色值来呈现。这个过程可以理解为颜色的混合，亮度较低的颜色会增强对比度，亮度较高的颜色则会减弱对比度。在"正片叠底"混合模式下，较暗的像素会更明显，而较亮的像素则会减弱（见图11.1.3、图11.1.4）。

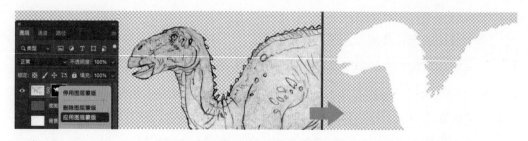

图11.1.3　抠像效果

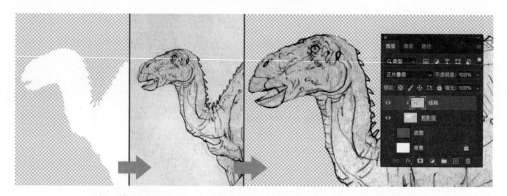

图11.1.4　基底图层与铅笔稿（剪贴蒙版层）的序列关系

2. 细节层次叠加

新建剪贴蒙版图层充当结构加强层，目的是细化并增强线稿的表现。选择带有颗粒肌理的笔刷并调整"画笔笔尖形状"设置，使笔尖呈扁平椭圆形状，然后在"形状动态"选项中调整角度抖动，以"钢笔斜度"作为变化的控制依据。这项设置让笔刷角度能够随着握笔姿势和绘画方向的变化而自然调整，营造出接近实体画笔的绘制体验。此阶段的重点是完善线稿的形态，通过块面手法塑造局部结构，同时应用黑白纹理来增强视觉的层次感和细节。结构加强层巧妙地融合了细线、块状线条和黑白纹理的绘制技巧，为恐龙的图像增添了丰富的细节和立体感。这样的绘制方法不仅提升了形态的表现力，还确保了新图层与原始线稿层在风格上协调一致，最终形成了一个和谐统一的整体作品效果（见图11.1.5）。

在绘制插画《恐龙》的过程中，基础层上增加了四个剪贴蒙版层，每个蒙版层都是为了绘制更加精细的纹理细节和刻画更为立体的局部肌肉体量。这个过程类似于分层素描，通过层层堆叠和逐步深化的绘制手法，逐渐完善恐龙的形象，使最终的插画表现出更为丰富和生动的视觉效果（见图11.1.6）。

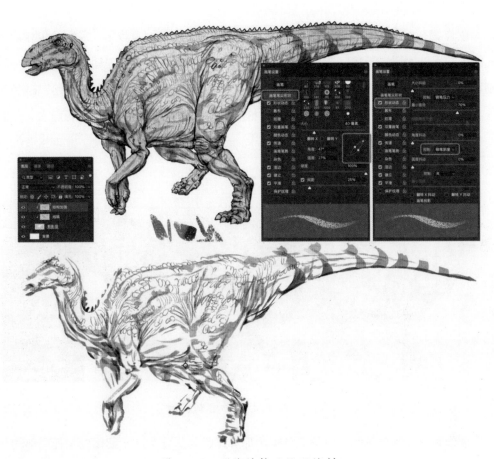

图11.1.5　形体结构及纹理绘制

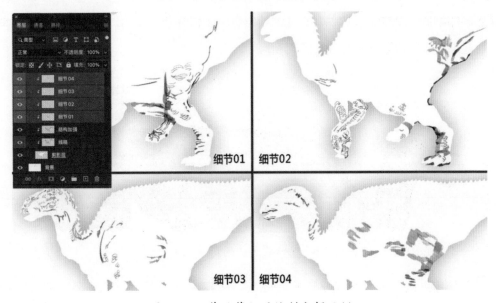

图11.1.6　剪贴蒙版层绘制分解示例

3. 色彩绘制

创作者在剪影层上新建了一个名为"整体颜色"的剪贴蒙版层,采用熏染和点吸式的绘制手法为恐龙着色,主要使用固有色来绘制。同时参考了前期的线稿和结构绘制层,对恐龙的光影效果进行了细致的色彩处理。由于前期的线稿和结构绘制准备充分,此阶段的色彩绘制类似于传统绘画中的铅笔淡彩技法,一旦添加色彩层次,立即呈现出鲜明和吸引人的视觉效果。这种不同绘制技法的综合应用体现了数字绘画的灵活性(见图11.1.7)。

图11.1.7　色彩叠加绘制示例

创作者在"整体颜色"图层上继续添加剪贴蒙版层,专注于细化恐龙各局部的熏染绘制。这个阶段主要强化恐龙背部受到环境中自然光的色调影响,同时也细致处理了脸部的细微色晕变化。这种补充式的绘制进一步提升了画面的自然统一,让整个作品看起来更加和谐与自然(见图11.1.8)。

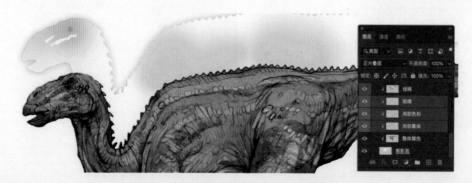

图11.1.8　剪贴蒙版层的局部熏染绘制

创作者继续添加名为"细节提亮+纹理"的剪贴蒙版图层以增强恐龙的质感和细节。在图层面板中选择"添加图层样式",并调整混合模式为"线性减淡(添加）"，同时不选择"透明形状图层"，以便更好地控制绘制效果。随后使用画笔工具并选择一种能够模拟皮肤质感的肌理效果笔刷，专注于恐龙亮部区域的绘制，用于提升画面的立体感和细节丰富度（见图11.1.9）。

图11.1.9　亮部"点提"绘制

继续创建剪贴蒙版图层，命名为"边缘色彩熏染"。这个图层的主要目的是对线稿的边缘进行环境色熏染，这样做有助于柔化边缘线条的视觉冲击力，从而更有效地突出恐龙的体量和立体感。通过这种细腻的边缘处理，画面的整体效果变得更加和谐（见图11.1.10）。

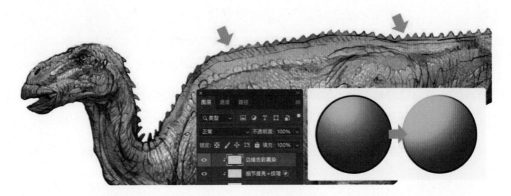

图11.1.10　边缘色彩处理

作为最终的调整，在剪贴蒙版层序列的顶部，创建"自然饱和度"和"亮度/对比度"调整图层。这些调整图层被有意地包含在剪贴蒙版层的层次结构中，以确保它们的调整效果处于基底图层剪影的范围内。这样的层级控制使调整更加精准，不会影响到整个画面，能够精细地优化恐龙图像的颜色饱和度和明暗对比（见图11.1.11）。

图11.1.11　插画《恐龙》完稿效果

11.2　儿童画风格插画绘制技法

在数字绘画中，铅笔稿绘制与叠色绘制技法的结合充分利用了图层功能来增强视觉效果和艺术表现。这种技法的融合使得手绘的质感和细节得以在数字绘画上连贯地展现，为数字艺术创作提供了可能。数字绘画不仅模拟了传统绘画的技巧和感觉，还在模拟笔触和纹理方面发展了自己独有的艺术风格。在风格化的插画，特别是儿童插画领域，许多创作者依旧善于将铅笔手稿的自然质感与数字颜色层叠相结合，创作出具有个人特色的作品。接下来将介绍这种技法融合的一个实例。

这幅铅笔手稿来自一位6岁儿童之手，展现了孩子的纯真与天然的造型美。在准备阶段，首先对手稿进行整理，类似于插画《恐龙》中线稿的处理，确保铅笔稿的轮廓清晰，然后对其进行抠像处理，作为后续工作的基底图层。在此基础上会逐步添加剪贴蒙版图层以丰富画面的色彩和细节，在保持儿童绘画的纯真魅力的同时，也赋予作品更强的艺术表现力（见图11.2.1）。

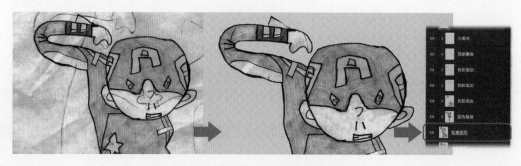

图11.2.1　铅笔稿基底图层结构

　　以整理好的线稿图层为基础创建一个剪贴蒙版图层，命名为"蓝色服装"，并将图层叠加模式设置为"正片叠底"。使用画笔工具并选用类似于国画晕染风格的笔刷，调整好颜色，开始在对应的部分着色。绘制时可以适当放松手法，创造出一些自然的飞白效果或色彩溢出。根据需要继续新增剪贴蒙版图层，图层叠加模式也设置为"正片叠底"，使用不同的颜色进行层层叠加，这样可以在保证整体协调性的同时丰富色彩层次感（见图11.2.2）。

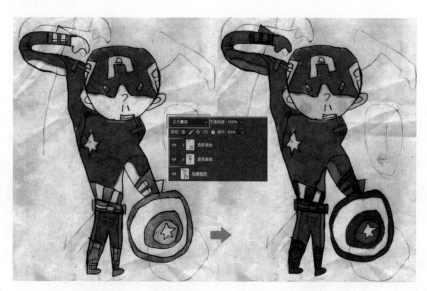

图11.2.2　剪贴蒙版层"正片叠底"的叠加绘制

　　在上层新增剪贴蒙版图层，图层叠加模式设置为"正常"，用于绘制角色的细节装饰。在绘制时保持行笔的自由和随性，以确保这些细节与整体的绘画风格相协调。此后的局部绘制过程都遵循相同的简单叠加的绘制方法，根据具体的绘制需求，可以继续新增更多的剪贴蒙版图层，每层都保持在"正常"模式下，以便各颜色层之间能够自然地融合。这样的方法不仅简化了绘制流程，也方便了色彩层次的后期调整和修改（见图11.2.3、图11.2.4）。

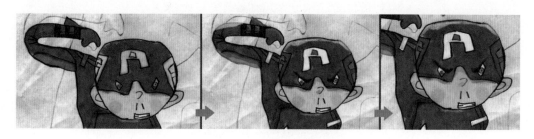

图11.2.3　头部叠加绘制序列

图11.2.4　叠加绘制过程中的"拙朴"感

对角色脸部进行红晕熏染，并在相应位置点缀白色高光，增加面部的生动感。在所有剪贴蒙版图层下方新建名为"边缘晕染"的图层，该图层不受基底图层轮廓的限制，使用画笔工具并选择带有湿边效果的笔刷，在角色的周围轻柔地进行晕染效果绘制，借鉴儿童水彩画的表现方式，为角色增添一种柔和而自然的氛围（见图11.2.5）。

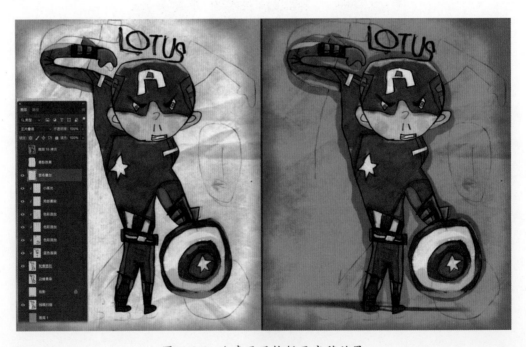

图11.2.5　儿童画风格插画完稿效果

本例虽然简单，却展示了儿童画风格插画中广泛使用的手绘风格，并且特别强调了线稿层与色彩层叠加模式的选择。在这个实例中，线稿层使用"正常"模式，而色彩层则采用"正片叠底"模式，与插画《恐龙》中的叠加模式相反。这一差异展示了两种不同的处理方法，为插画创作提供了技术上的灵活性和多样性。通过这些案例的比较，创作者不仅能深入理解每种方法的特点，还能根据具体的艺术风格和表现需求，在未来的创作中灵活运用这些技巧，以丰富和优化自己的作品。

11.3　铅笔稿快速表现技法

　　传统绘画与数字绘画的结合开启了艺术表现的新篇章。传统绘画，无论是油画、水彩还是素描，都拥有深厚的历史底蕴和文化传承，蕴含了创作者深沉的情感和独特的技法。这些传统艺术形式的每一笔、每种色彩，都是创作者与画布之间情感的深刻交流，赋予了作品独特的魅力和深度。而数字绘画作为现代艺术的新兴力量，带来了更为广阔的创造空间和灵活性。它超越了传统物理材料的限制，提供了丰富的修改和调整选项，使艺术创作过程变得更加自由和多元。尤其是图层功能的灵活应用，为创作者提供了将多种技法融合在一起的可能性，创造出前所未有的视觉效果。当传统绘画与数字绘画相结合时，产生了全新的艺术表现形式。传统绘画为数字绘画注入了情感深度和历史感，而数字绘画则赋予传统绘画更多的创新可能和现代审美。

　　本节重点介绍融合了传统绘画与数字绘画技法的风格类技法，这种方法特别适用于游戏及影视动画的概念设定、分镜头绘制，以及风格化插画的创作。在绘制过程中强调对绘画统一性的追求，不仅体现传统艺术的韵味，同时也展示数字绘画技术的现代感和创新性，形成了独特的画面美学风格（见图11.3.1）。

图11.3.1　数字绘画与手绘铅笔稿综合画面表现

　　典型的例子是《老人与海》这部经典名著的内页插画，作品通过巧妙地结合传统名著的文学气质和时代背景，利用数字绘画中图层叠加的特性，成功实现了传统绘画风格与数字绘画技术的和谐融合。在本例中，初始的线稿以A4尺寸的纸张为基础用自动铅笔进行绘制。为了保留手绘稿的细节和质感，使用了高分辨率的扫描仪将其转换为电子格式，尽可能地捕捉原始线稿的细微之处，包括线条的精致程度和纹理的细腻感。在PS中，通过执行"图像"→"调整"→"亮度/对比度"菜单命令对基础线稿进行优化处理，目的是增强画面的对比度，突出线稿的轮廓和细节，同时保持画面中的整体灰度范围（见图11.3.2）。

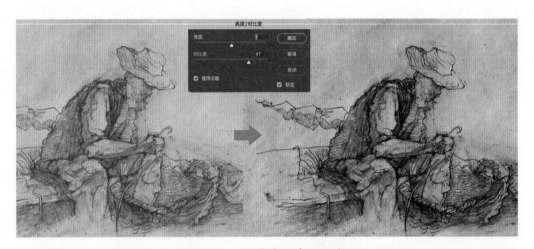

图11.3.2　铅笔线稿色调调整

为了增强作品的质感，这里选取了一幅具有丰富肌理感的牛皮纸材质图片。这张图片被放置在线稿层之上，图层混合模式改为"正片叠底"。这种混合模式的特点是将上层图像的颜色与下层图像的颜色相乘，从而使结果图像的颜色变得更加深沉和饱和。这种效果特别适用于强调图像的暗部细节和增强画面的视觉厚重感。正片叠底模式通过增加颜色的深度和饱和度，为画面带来了一种独特的肌理效果，使画面的视觉效果更加丰富和有层次感。在图层合成之后，根据实际画面的需要，可以适当调整该层的不透明度，以达到最佳的视觉效果（见图11.3.3）。

在完成纹理叠加层的应用之后，绘画过程进入了高光绘制阶段。创作者在纹理叠加层上新建了一个图层并选用了具有肌理效果的笔刷，这里采用模拟铅笔绘制效果的笔刷插件。在画面的高光部位进行精细的绘制工作，该阶段在整体画面中所占的比例并不大，但有十分关键的作用。它类似于水粉画或水彩画中对高光的精细处理，称为"点提"技法。这种技法在数字绘画中能有效地完善画面的黑白灰色调关系，增强画面的明暗对比和层次感（见图11.3.4）。

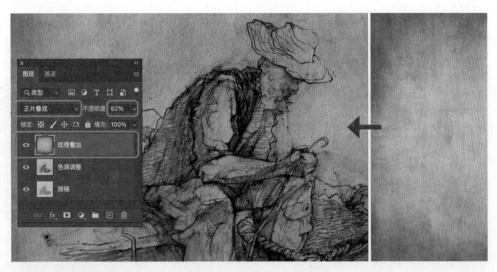

图11.3.3 素材纹理叠加

图11.3.4 高光绘制效果

接着进行颜色调整，通过添加"色彩平衡"调整图层，重点针对画面的"中间色"色调进行调整。主要是将整体的色调向红色和黄色微调，从而为画面带来更为温暖和生动的视觉效果。在数字绘画中，使用"色彩平衡"工具可以精细地控制图像的色温和色调，进一步丰富画面的色彩层次。特别是在调整中间色时，这种微调可以影响画面的整体感觉和氛围。通过向红色和黄色调整，画面通常会呈现出更加温暖和柔和的效果，这对强化作品的情感表达和视觉冲击力是非常有效的。此

外，这种调整也有助于使画面更加符合特定主题的情感氛围，如复古、温馨、阳光等
（见图11.3.5）。

图11.3.5　插画《老人与海》完稿效果

这个实例以其精练的结构和典型性，非常适合那些正从传统手绘逐渐向数字绘画
过渡的创作者。它不仅为创作者提供了一个实用的实践模板，而且能帮助他们在数字
绘画领域迅速建立自信。这种绘制方法结合了传统绘画的技巧与数字绘画的灵活性，
能让创作者在探索数字媒介的同时，保持对所熟悉技法的掌握和应用。

小结

　　本章举例说明了数字绘画中图层叠加的重要应用，详细介绍叠色绘制法及其综合技法，展示了这一概念的多样化应用。本章通过三个独特的实例展示了图层叠加绘制的独特魅力及其在不同绘画风格中的应用。插画《恐龙》侧重于写实绘制，充分展示了叠色技法在实现细腻、写实效果中的有效性；儿童画风格插画则通过突出与线条造型风格一致的"拙朴"画风，体现了叠色绘制在表现更自由、更具表现力的画风中的作用；在传统绘画和数字绘画结合的插画《老人与海》中，利用铅笔线稿进行叠色绘制的方法为创作者提供了一种新颖的绘制序列，展现了传统与现代技术的完美融合。通过这些实例，创作者不仅能够理解图层叠加在数字绘画中的关键作用，还能启发灵感，探索更多创作的可能性。

作业

　　参考传统绘画和数字绘画结合的实例，创作一幅传统语言故事主题的插画。

第12章

综合模拟绘制技法

　　在数字绘画中模拟传统绘画形式的现象确实与"社会无意识""集体记忆""历史记忆"等理论观点具有相关性。社会无意识来源于荣格的心理学理论，强调一个文化或群体中共同的、潜在的情感和记忆。当数字绘画创作者在其作品中模拟传统绘画技法时，他们可能是在回应这种深层次的、文化中的共同记忆和情感；集体记忆强调一个社群如何记忆、传承和重新诠释其历史和经验。传统绘画形式是文化和历史的载体，它们被视为一个群体的共同遗产。通过数字绘画模拟这些传统形式，现代绘画创作者与过去的艺术家和他们的作品进行对话，共同构建和传承集体记忆；从历史记忆的角度来看，这关系到个体如何理解和解释，连接到更广泛的历史背景和经验。通过模拟传统绘画形式，创作者不仅在展示技术能力，还在强调与历史的连续性，确认自己在艺术史上的位置。当今的数字绘画创作者在创作过程中，不能总是明确地意识到这些理论观点，但他们的作品与这些深层次的文化和心理因素相互关联。这也是模拟传统绘画在数字艺术中仍然具有吸引力和意义的原因之一。

　　每次推出数字绘画所使用的数位板和数位屏的迭代新品时，基本都是在压感精度和敏锐度方面有所提升，或是从人体工程学的角度更加贴合创作者的"绘制"体验感。众多的绘画软件也通过开发更多模拟真实的笔刷效果来赢得数字绘画创作者的芳心。尽管数字绘画提供了无限的可能，但许多创作者仍然追求与传统绘画相似的感觉和效果。真实的笔触、颜料混合和纹理都能为创作者提供更直观和自然的创作体验。尽管有些创作者喜欢探索全新的数字创作方式，但还有很多人希望保留那种熟悉和传统的绘画感觉。为满足各种需求，绘画软件的制造商也推出了多种产品，这又为数字绘画多元的绘画表现奠定了物质基础。

12.1 数字油画模拟绘制技法

随着数字绘画应用领域的不断拓展，仿效传统绘画技艺，尤其是油画技法，逐渐成为创作者热衷探寻的绘制技法。通过数字工具模拟油画的视觉质感和艺术效果，将传统艺术与现代科技巧妙融合，构成一种独特的表现形式。数字媒介所独有的视觉现象和符号语言与观众对油画艺术所持有的集体意识和认知息息相关，显示出数字艺术在继承与创新之间所具有的深远意义和可能性（见图12.1.1）。

图12.1.1 动物主题数字油画模拟绘制

在分析油画肌理感时，创作者需要对油画的物理特性有所认识。传统油画通常采用厚重的油彩涂料在画布上作画，这一点在视觉上赋予了画作强烈的立体感。可以触摸到油彩的起伏与沉积，以及创作者手中笔触的力度与节奏。油画的颜色层次往往是通过多层油彩的叠加来实现的，使画面颜色展现出层次分明的深度与丰富性。同时，创作者会使用不同类型的画笔和刷子在画布上创造出独特的笔触和纹理，这些笔触和纹理为画作增添了复杂的细节和创作者自身的风格印记。在数字油画模拟中，这些都是关键的视觉元素。创作者在模拟时，必须精心重现这种肌理感、层次感和笔触细

节，以便在数字媒介中产生传统油画那种独有的视觉与触感体验。通过综合运用数字
工具的广泛功能，创作者能够创造出既具有油画风格又符合数字时代审美的艺术作品
（见图12.1.2）。

图12.1.2　动物主题数字油画模拟绘制

　　在数字艺术创作的实践中，创作者利用油画绘制的传统表现手法，通过特定的绘
制工具和有序的方法系统，精心模仿油画的表现效果。这一系列模拟技术不仅形成了
一个独立的艺术体系，而且与其他数字绘画技法间存在广泛的融合潜力，展现出开放
性和实验性的特点。在掌握数字油画技巧的过程中，不仅技艺得到提升，而且扩展了
其艺术创作的视野和思维，从而推动了艺术表现形式的创新发展。

　　本节将以狼为绘制主体进行数字油画模拟系列绘制，深入展现序列表现技法。在
模拟油画绘制效果时将采用一系列综合的数字绘画工具——不仅是常规意义上的"画
笔"，还包括用于涂抹工具和混合画笔等，配合多样性的笔刷类型，使每个笔触绘制
都能在画布上形成独特的视觉效果和绘制体验。

1. 涂抹绘制

　　选用笔触感较强的涂抹笔刷在素材图层上进行涂抹绘制。原素材像素的色彩组织
关系在涂抹绘制过程中发生了变化，这种涂抹感具有较为鲜明的笔触绘制痕迹。此时
用涂抹笔刷绘制，可模拟油画笔刷绘制的笔法感受，例如尝试拂晕法，即将较稀的颜
料或涂料轻轻涂抹在画布上，以柔和颜色层次或添加颜色层次。创作者要将真实油画
绘制的感受加以理解，装在心中。涂抹绘制时要参考当前素材的色彩和造型意向，涂
抹笔触不宜以短小笔触为主，运笔方式和角度多元化（见图12.1.3）。

2. 纹理绘制

　　在数字油画模拟绘画中，纹理的应用为画面增添了丰富的视觉层次和触感。当已

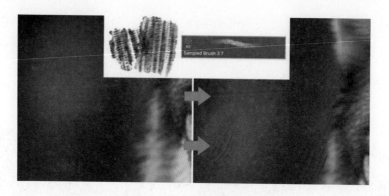

图12.1.3　具有笔触感的涂抹绘制

有的涂抹效果构建出一幅作品的基础时，纹理绘制图层的加入就是进一步细化。创作者可用带有布面质感的纹理笔刷在画面上轻点轻扫，这样的纹理绘制必须恰到好处，不能过于密集而淹没下方涂抹的基础效果，也不能过于稀疏，失去了纹理的存在感。纹理层与其下方的绘制层融合，共同构成了细腻的视觉意象。通过这种叠加关系的形成，让观众在视觉上即能感受到笔触的独特质感（见图12.1.4）。

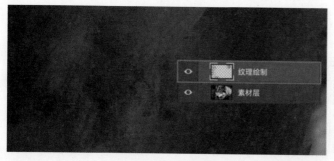

图12.1.4　纹理添加绘制

3. 混合画笔绘制

混合画笔工具仿照传统绘画的技巧，让多种颜色在虚拟的画布上交汇融合，创造出近乎真实的绘画体验。如同传统画笔的多样性，混合画笔工具同样提供了丰富的纹理和效果选择，赋予作品更加栩栩如生的质感。在创作中选用了类似于传统绘制排线效果的笔刷以增强色彩之间的交融与碰撞，并恰到好处地施加干燥效果，促进色块之间的清晰分界。在这一过程中，既要增添新的视觉元素，又要保留已有绘制阶段的精华。每一笔都要恰到好处（见图12.1.5）。

图12.1.5　混合画笔排线笔触效果

4. 锐化滤镜应用

经历了涂抹、纹理、混合等多层次综合绘制之后，画面已经凝结出丰富的视觉语言和符号，此时执行"滤镜"→"锐化"→"智能锐化"菜单命令，将锐化数值加大，适当降低锐化半径，在"减少杂色"中选取适中数值，确保更多彩色杂点出现。智能锐化可以突出图像中的细节，使物体边缘更加清晰，同时减少模糊和柔化效果，增强颗粒感，提高图像的质量（见图12.1.6）。

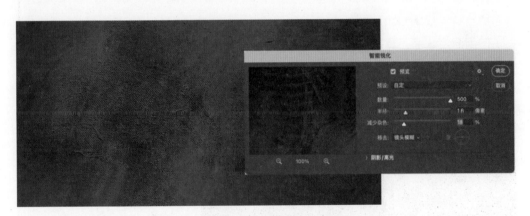

图12.1.6　智能锐化效果

5. 扁平刮刀式涂抹绘制

可借助具备颗粒质感的绘制笔刷在当前的绘制中进一步增添富有表现力的涂抹效果。在画笔属性中，调整"画笔笔尖形状"中的角度、圆度参数，使笔触扁平化，赋予了每一笔更加丰富的维度和深度。在"形状动态"设置中，将角度抖动调至以"钢笔斜度"为导向，这个巧妙的配置赋予了画笔在创作过程中随创作者手势变化而变化的能力，仿佛真实的画刷在画布上舞动，增强了画作的自然流畅感。运用这种方法使模拟油画的刮刀效果变得触手可及，让色彩与颗粒纹理在画面上得到完美的诠释。如此操作不仅仅是在技术层面的模拟，更是创作者对材质与质感理解的表达（见图12.1.7）。

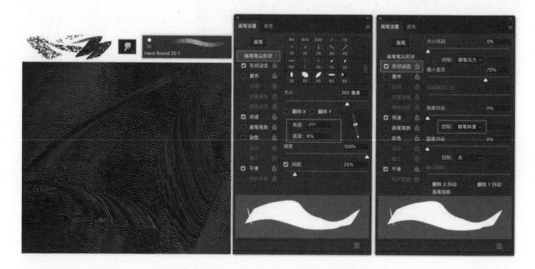

图12.1.7　刮刀式涂抹绘制效果

6. 点状混合画笔绘制应用

使用混合画笔工具并选择散点式笔刷类型，对当前画面继续进行混合绘制，使画面中增加点的因素，形成精细的观感印象，另外相互之间的色彩更加交融，效果层次更加丰富（见图12.1.8）。

图12.1.8　点状混合画笔绘制效果

7. 以底部图层逐步推进的绘制策略

整个模拟绘制的流程按照自底向上的顺序进行，首先是对底部的油画整体效果进行绘制，绘制完成后将其与上一图层合并，继续进行相同的绘制步骤。这种策略的优势在于当进行基底绘制时，尤其是在涂抹环节，可以更加自由地绘制，而不会影响到被提取出来的图层，从而保留了提取图层的原有造型。

这一分层绘制策略的关键之处在于，它允许创作者更加精确地控制每个图层的绘制过程，确保画面的每个部分都能够保持其独特的绘画风格和表现意图。这个策略在数字油画模拟中非常实用，有助于保持对不同画面元素阶段性地分隔绘制，最后再依次融合（见图12.1.9）。

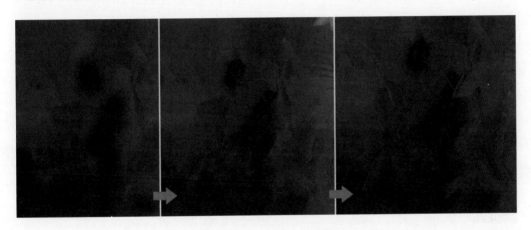

图12.1.9　绘制序列示例

8. 分层绘制策略

在画面主体绘制中，通过基本造型分析，使用套索工具 对狼进行图层图形分离。并在各层分别进行涂抹绘制，按照狼头部基本结构走向，控制涂抹笔刷的直径至关重要，笔刷过大会吞并太多细节，容易导致画面缺乏完成度。反之，若笔触太细则可能导致绘制过于繁复和精细，从而使画面的整体效果过分趋近于照片的实际感受，失去了以笔触构筑的艺术表现力（见图12.1.10）。

图12.1.10　分层绘制示例

9.局部放大还原法

在数字油画模拟的细部绘制过程中，通常采用一种高效的绘制策略，即先将局部放大，然后进行精细绘制，绘制完成后再缩放回原始尺寸，并将细节嵌入主画面中。

在初步涂抹绘制中，狼的眼部及周边特意保留原素材，使用矩形选框工具██对狼的眼部区域进行选择，并将其复制粘贴到一个新的绘制文件中。对新的图像文件执行"图像"→"图像大小"菜单命令，将原先的分辨率500像素/英寸提升至1500像素/英寸（1英寸=2.54厘米）。提升后的数值意味着画面每英寸都有1500个独立的像素点。这是一个非常高的分辨率值（见图12.1.11）。

图12.1.11　画面局部放大

如图12.1.12所示，在设定为"1500像素/英寸"分辨率的画布上进行涂抹绘制（b点），会呈现较高的绘制精度，直观上明显优于在"500像素/英寸"分辨率下的笔刷绘制（a点），再对比画面中依稀可见的原素材的像素的呈现状态，使得整体画面表现具有丰富维度。在创作实践中，这种高分辨率带来的好处不仅限于画面的视觉精细度，尤其在模拟传统油画技巧时，能够更好地模拟不同质地的笔触效果。

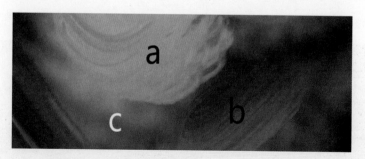

图12.1.12　不同分辨率状态下的涂抹效果对比

当画面分辨率提升后，原有的像素会被相应的倍数分解和细化。这一改变在绘画过程中表现得尤为明显。在高分辨率的画面上进行涂抹绘制时，由于笔触作用于的像素点数量明显增加，绘制出的效果会更加精细，其颗粒感和笔触感也会相应增强，为画面带来更丰富的质感和细节。这种变化在绘制细节和质感时显得尤为重要，可以使作品的视觉效果更加生动和真实（见图12.1.13）。

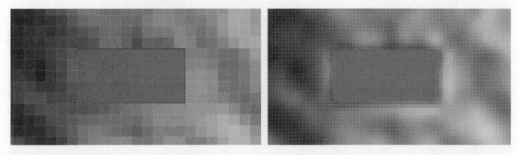

图12.1.13　像素细分效果对比

　　使用多元系列技法对画面进行深入绘制，完成后将当前绘制文件的图像分辨率改回到500像素/英寸，并将其复制粘贴回原始绘制文件。能够看到细部绘制与之前画面效果的对比。这种将局部画面放大绘制，完成后再还原尺寸并粘贴回源文件的方法高效实用，在游戏原画细节绘制中是一种非常普遍的方法（见图12.1.14、图12.1.15）。

图12.1.14　局部放大绘制

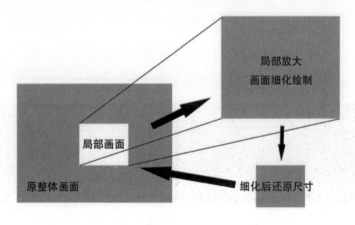

图12.1.15　局部放大—细化—还原序列流程

将最初规划的4个与狼相关的图层合并，并运用之前介绍的混合画笔、扁平刮刀式涂抹绘制等一系列技法进行深入绘制。对当前图层的狼主体画面执行"智能锐化"的滤镜效果，使整个画面统一，增强表现力（见图12.1.16）。

图12.1.16　智能锐化滤镜效果

10. 细节完善

在数字油画模拟的细节完善阶段要将全部图层合并，然后推荐使用扁平刮刀式的混合涂抹技术（详细的参数设定可以参见10.2节的技术指南），特别是针对那些在画面放大后依稀可辨的原素材画面进行精准的修补和润饰。绘制过程中需要灵活调整涂抹笔刷的大小，使之在作品中扮演"点缀"的角色。细节的处理应遵循"宁方勿圆"的原则，确保每一笔都要恰到好处。同时应避免过度雕琢，以免作品显得过于油腻，失去了数字油画的独特魅力和图形化的语言表达。努力在写实与概括、精细与大胆之间找到平衡点，确保最终的作品既能传达出丰富的视觉语言，又能保留数字油画模拟的初始意图和艺术个性（见图12.1.17、图12.1.18）。

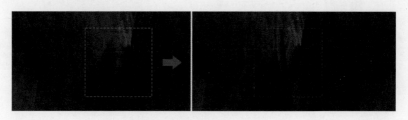

图12.1.17　补充涂抹绘制

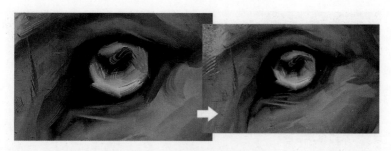

图12.1.18　刮刀涂抹效果

　　在数字油画模拟的绘制过程中，待整体画面绘制已初具规模后，便迎来了精细化处理阶段，创作者可将此作为细节绘制表现的"试验场"，目的是通过涂抹工具的细腻操纵来进一步深化画面的细节质感。此时的创作过程不仅是对整体视觉印象的微调，更是一场对细节之美的探索与挖掘。可巧妙选择与应用多样的笔刷以丰富画面的层次和质地（见图12.1.19）。

图12.1.19　补充涂抹绘制效果

　　完成这样一幅数字油画，不仅体现了创作者对色彩和形态的控制力，也展示了创作者如何通过数字工具将传统油画的韵味和技法融入现代创作中。数字油画模拟绘制技法努力重现如油画般具有丰富肌理的厚重风格，这是对观众视觉体验的直接呼应。从本质上讲，数字绘画风格的选择是创作者意图传达的视觉符号。通过这种方式，创作者在实战应用中将不断地丰富他们的技法库，以便在面对不同的创作需求时有更多样化的处理手段和表现技巧（见图12.1.20）。

　　通过本节介绍的流程，我们不仅建立了一种模拟油画的独特绘制方法，而且为创作者提供了一种参考框架，可根据画面的需求灵活调整绘制步骤和顺序。每个绘制单元都承载着特定的艺术功能，综合起来推动整个创作过程向前发展。通过对这些绘制单元之间相互关系的理解，以及各自对绘画作用的认识，创作者可以将这些知识应用到实践中，不但会对照使用这些技法，而且能够在此基础上进行创新和拓展。

图12.1.20 《狼》完稿效果

12.2 中国画模拟绘制技法

在数字绘画领域的深入探索中，中国的水墨写意无疑为创作者提供了丰富的创作灵感。借助现代技术手段，古老的水墨写意得到了全新的诠释，为传统艺术打开了一扇现代的大门，使之在新媒体上绽放出不同的文化魅力。这不仅是一种艺术传承，更是文化、艺术与技术的完美结合，展现了中国深厚的文化底蕴与现代技术的无限可能。随着技术的进步，数字绘画已经成为一个重要的艺术媒介，创作者能够利用先进的技术来模拟传统的绘画技法。而"中国画模拟绘制技法"在数字绘画领域中具有独特的价值和意义，可以为创作者提供更多的工具和方法，帮助他们在保留传统韵味的同时创造出新颖的作品。

在画笔应用方面，当前市面上有很多的成熟的国画笔刷，都是现成的优质设置，对于真实国画绘制中不同的笔法种类有非常细致的划分，如焦墨、重墨、淡墨等，这些系列笔刷在出品前已经进行了成熟的系统设置，而且还有很多水彩效果模拟笔刷与国画效果笔刷非常相似，在网络中有很多关于笔刷的免费资源供大家使用。在使用这些笔刷绘制时，可根据绘制需要在原有笔刷设置的基础上进行微调，对于相对好用的设置参数，也可将其另存为一个新的自定义笔刷。通常，伴随创作实践的不断深入，创作者会日积月累，逐步累积自己的笔库。

1. 写意人物画模拟技法

图12.2.1是插画《聊斋志异——耳中人》的一个角色设定。采用了小写意人物画的表现手法。小写意人物画是国画中的一种特定风格，它在绘制人物时注重形象的真实性和细节的刻画。无论是人物的五官、衣物的纹理，还是其他细节，都需要仔细刻画。与大写意的意境重于形象相比，小写意更注重对人物形象的真实再现，对人物的性格、情感和状态有深入的描绘，对线条、笔触和墨色的掌握要求非常精确。在绘制前期，无论是人物动态还是服饰，都要找大量参考，这对于设定和绘制表现是非常有帮助的。特别是对于中国传统绘画中人物仕女画的造型借鉴，非常重要。

图12.2.1　《聊斋志异》系列插画角色设定成稿效果

通常情况，在一个单独图层进行草图绘制，勾勒出角色的整体姿态、发型及服饰特点等，并在此基础上进行细致的线条绘制。在本例中，脸部五官线条在CSP中进行描绘，用勾线笔模拟工笔画中的线条感觉。工笔画线描注重线条的精细，每一笔都要描得恰到好处，线条要求连续且流畅，不能出现断裂或抖动，这些技术要素在CSP中的画笔防抖、入峰、出峰等参数设置中得到了很好的解决。除了五官线条之外，画面中一些行笔较长的线条，也通常在CSP中进行局部的长线绘制。

在写意国画的线条绘制中，有提笔、按笔、勾勒、皴擦、泼墨、蘸水等丰富行笔及表现手法。因此在数字绘画模拟的过程中，绝不能局限于单纯的造型描绘。要结合画面造型和自身理解，充分挖掘现有笔刷库资源，对画面线条进行风格化整理。充分发挥数字绘画的图层应用特性，图12.2.2中角色上身衣服的局部线条就采用了多图层、多类型线条拼合的方式进行绘制。在这个小的画面局部用到了两种笔刷，这与真实绘画状态中的"一气呵成"有所差别。人物袖口部分可配合当前的线条勾勒，选择一些具有晕染效果的笔刷，在新层中模拟绘制局部的拖墨效果。

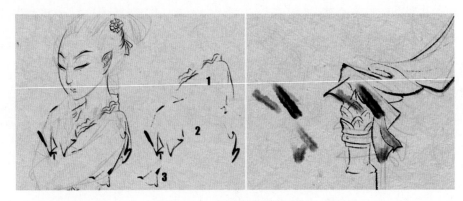

图12.2.2　多种风格线条模拟

在线条绘制章节中介绍了先进行多段绘制再进行补充描绘的主线衔接法。这在写意模拟的线条绘制中也非常实用，袖口部分使用了按笔线作为衔接补充，这种线条在绘制时施加了一定的压力，使线条呈现出不同的粗细和深浅，常用于强调物体的某一部分或表现物体的质感。在图12.2.3中，用红色标注示意，方便对照观察。

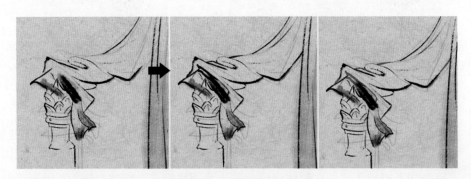

图12.2.3　主线衔接法示例

衣袖轮廓边缘可局部采用勾勒线的方式绘制，线条简练、有力。而因结构挤压所形成的褶皱位置，可采用皴擦线的方式绘制，如皴、擦等顿挫笔法。在组合式的笔法应用中还要注重干湿结合，适时加入一些蘸水线效果，在实际绘制中因为水的关系，线条可能呈现出柔和的、晕开的效果。在模拟的过程中，创作者也不必拘泥于形式和技法的束缚，需要追求表达内在的情感和意境。写意画并不完全追求物象的真实再现，而是强调对物象的感悟和内化（见图12.2.4）。

写意画中的线条表现具有无为而治、顺其自然的哲学思想，与顿悟、自在的精神有深厚的联系。虽然写意画强调的是随性、自然，但每一笔都是创作者对完美和真实的追求，线条的叠加累积也是不断自我超越的过程。即便是数字绘画，大家在绘制实践中也要多多感受于心。

图12.2.4　多层叠加的线条绘制

同样是线条较长的飘带，左侧较长的是在CSP中绘制的，右侧较短的则是在PS中使用画笔工具特定笔刷勾勒的。这种绘制效果的直观差异其实就是不同软件内在模型算法的可视化呈现。在绘制的过程中，这种直观的即时呈现也会反馈给创作者不同的绘制感受，运笔的手感会随之发生微妙的变化。在国画写意的线条绘制中，讲求统一与变化相结合，确保画面的整体和谐，不出现突兀的断裂（见图12.2.5）。

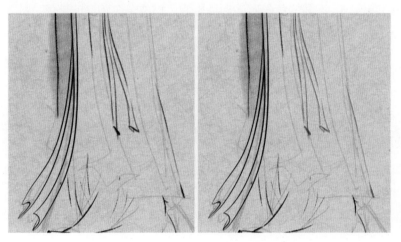

图12.2.5　不同软件绘制的线条对比

选择晕染相关的特定笔刷，对角色头发进行墨色的晕染绘制，增强画面的"墨气"，按照发式基本造型结构，运笔流畅与自然。此次采用叠染方式形成色彩的深浅变化，增加画面的层次感。墨气是画面的气息和韵味，它能让画面充满生命力和动态感。上墨晕染的绘制不必过分拘泥于当前线稿的造型束缚，墨气应该是连贯的，如同一首曲子中的旋律，贯穿始终。如遇到必须修正的情况，可利用该图层的蒙版进行局部遮蔽，本例中角色额头发际位置的边缘造型使用了蒙版工具。在墨色晕染的基础上，通过墨线继续绘制头发，墨线绘制则更加有力、明确，能够突出细节和结构，为画面带来张力（见图12.2.6）。

图12.2.6　线条与墨色晕染的结合

选择与晕染相关的笔刷，用淡彩的方式进行画面熏染，每一种颜色放置在独立的新建图层中。为了形成一些使色彩自然扩散的浸染效果，晕染绘制时可在局部适当超出线条范围，与此同时，也要在一些区域留有一些飞白效果，不必完全填满上色区域（见图12.2.7）。在图层序列方面，主要色彩的上色层位于线稿层下。中国画注重色彩之间的和谐统一，不同的色彩应该相互协调，形成一个和谐的整体。数字绘画在模拟国画时需要深入理解和掌握国画的色彩体系和绘画特点，才能更好地展现国画的魅力和特色。传统中国画的颜料来源多样，如各种矿物、植物和动物。这些颜料被称为"固色"，如胭脂、矾红、朱砂、矾蓝、锡青等。相比西方绘画，中国画的色彩更为内敛、柔和，注重情感和意境的表达。

继续新建图层，对局部进行叠染绘制，叠染指在已经晕染的部分重复染色，形成色彩的深浅变化，增加画面的层次感和明度的黑白关系，同时之前的浸染效果也得到了增强（见图12.2.8）。

新建图层，对脸部进行点染绘制，点染指用笔尖点画，使色彩或墨渐渐融入纸面，常用于表现细节。在写意人物画的点染绘制中要注重意向，笔触利落。点染绘制

图12.2.7　浸染效果对比

图12.2.8　叠染效果对比

图12.2.9　面部点染

时局部可超出绘制区域或留有飞白，这是一种在绘画中常见的艺术手法，尤其在传统的东方艺术中，可使作品更加有活力，增加画面的动态感，体现了创作者的自由创作精神（见图12.2.9）。

数字绘画模拟中国画的水墨写意人物画在数字绘画艺术领域中占据重要的地位，它不仅体现了技术与艺术的完美结合，也是对传统中国画的一种现代诠释和发展（见图12.2.10）。这种绘画方式的显著优势在于无限的修改与调整能力，为创作者提供了前所未有的创作自由。与此同时，数字绘画的资源可重复性确保了创作过程中不会有物质浪费，既环保又持续。此外，数字工具的多样性激发了创作者的创新精神，使他们能够尝试结合传统与现代的技巧，创作出具有独特艺术风格的作品。而作品的保存与分享也因数字化而变得更为便捷，无须复杂的物理存储和运输，极大地方便了与他人的交流与合作。最为重要的是，数字绘画为传统文化的传承与创新提供了一个新的平台。在新的媒介和技术下，中国的传统艺术得以被更多的人所了解、学习和欣赏。

2. 传统人物工笔画模拟绘制

国画中的人物工笔画是中国传统绘画中的一种精细画法。它起源于唐代，并在明清时期达到巅峰。相对于写意画法，工笔画法更注重细节的刻画和真实性的再现。人物工笔画讲究线条的精准、色彩的层次，以及光影的处理。绘制时，创作者往往需要多次上色、层层深入、逐步熏染，以达到丰富的质感和细腻的效果。

在绘制人物时，通常先勾勒出轮廓线，再逐步加入细节。面部特征，尤其是眼、鼻、口的表现要十分细致，服饰的纹理和折皱也要精确描绘。通过对衣纹、肌肤、发髻等细节的精心刻画，表现出人物的性格和故事情境。工笔画通常用毛笔和矿物质颜料完成，在宣纸或绢布上作画。这种画法不仅要求高超的绘画技巧，还需要深厚的文化素养和艺术修养。在中国传统绘画中，工笔人物画被视为绘画艺术的高级形式之一。数字绘画作为一种新兴的艺术形式，所提供的工具和可能性正不断

图12.2.10　写意人物画成稿效果

地扩展艺术的边界。本节将使用数字绘画的综合技法模拟传统人物工笔画画风进行创作（见图12.2.11）。

图12.2.11　人物工笔画完稿效果

（1）素材整理。

这幅作品浸润着浓郁的中国文化韵味，流露出清雅而深邃的艺术气息。虽然主要聚焦于上色技巧，但对于人物工笔画来说，线稿环节同样至关重要。一份精心绘制的线稿能为整体人物画的神韵和风格定下基调。作为现代数字绘画创作者，在创作传统题材的人物工笔画时需要在前期进行大量的文献研究和资料收集，确保作品的历史和文化准确性。这包括对人物服饰的细节进行深入考证，以及对人物的五官、手势等进行充分的研究和参考。通过这些周密的准备工作，创作者能够更加准确和深入地捕捉人物的特点，将传统文化的精髓融入现代的数字绘画技术之中，创造出既有传统韵味又具有时代感的人物工笔画作品。（见图12.2.12）。

在创作系列连环画时，为了确保角色形象的一致性和精确度，采用了数字建模和实拍相结合的方式。在确定设定稿后，使用Maya和ZBrush等三维建模软件对角色的头部进行精细的模型制作。这一步为塑造角色的形象提供了准确的三维参考，确保在绘画过程中的稳定性和精准度。同时，为了更加真实地表现人物服饰的布料褶皱和细节，采用了真人实拍的参考方式。模特直接穿着与角色服饰相似的衣物，通过摄影捕捉到服饰布料的自然褶皱和光影变化，为后期服饰的绘制提供了生动、真实的参考资料。在PS中将这些不同来源的元素进行整合，形成一幅完整且丰富的线稿图层（见图12.2.13）。

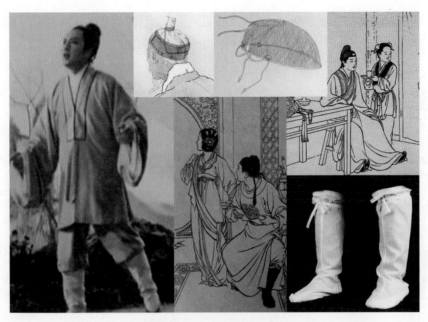

图12.2.12　资料收集整理

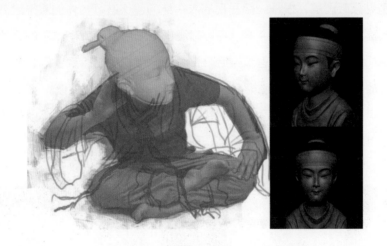

图12.2.13　综合元素参考

（2）人物工笔画的用色特点。

在数字绘画中模拟工笔画的用色和技法，要求在快速平涂环节特别注意色彩的处理。为了保持工笔画特有的高雅与细腻，基础色块在保持色相明确的同时，应适当降低色彩的纯度，呈现出一种高雅的灰色调，这样做可以更好地符合工笔画的色彩氛围。以绘制衣服为例，首先为上衣图层创建剪贴蒙版图层。然后选择具有晕染质地效果的笔刷，选取比当前上衣颜色略重的颜色对衣服的暗部进行细致绘制。在这个过程中适当增加笔触的大小，这样可以更好地模拟宣纸的纹理效果。熏染绘制是一个逐渐积累的过程，需要分层逐步叠加不同的色彩维度，从而逐渐塑造出丰富和深邃的视觉效果（见图12.2.14）。

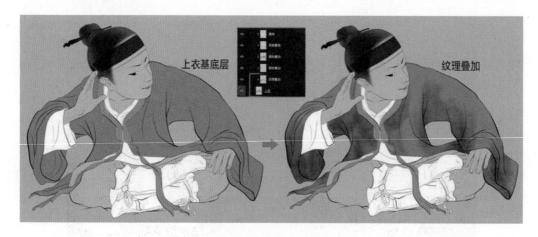

图12.2.14　服饰叠层绘制

增加剪贴蒙版图层，根据线稿呈现的衣褶结构起伏进行具体的熏染绘制。在这个过程中适当提高用色的明度和纯度，可以增强画面的绘制感，使衣服的起伏和纹理更为突出。完成暗部和亮部的纹理熏染后，接着复制最初的平涂颜色层，并将其作为剪贴蒙版层，放置于之前的纹理熏染层上方。调整这个图层的填充值为50%，可以使纹理熏染依稀可见，同时还保留了衣服起伏的结构，营造出一种含蓄而淡雅的视觉效果（见图12.2.15）。

图12.2.15　整体熏染绘制

通过添加剪贴蒙版图层和使用圆头柔边笔刷，可以在衣服边缘处营造出仿佛是温暖环境光散落下来的效果，这不仅增强了光影关系的真实感，还为画面带来了一种含蓄而柔和的美感。在进行熏染绘制时，注意光源的方向和强度，以及衣物与光线交互的方式，确保光影的自然过渡、和谐统一。此外，灵活地添加图层并针对画面的不同部分进行细致的熏染，有助于进一步细化画面的细节，增加作品的深度和丰富性（见图12.2.16）。

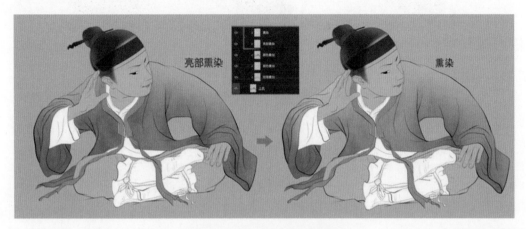

图12.2.16 亮部熏染绘制

绘制服饰的熏染关键在于理解并准确表达服饰与身体间的空间结构关系。例如，在图12.2.17所展示的画面中，角色的衣带搭在腿上，形成了一种阶梯状的空间布局。在进行熏染处理时，重要的是捕捉并表现出这种布局下微妙的光影变化。这要求在熏染过程中不仅要注意服饰本身的质感和色彩，还需要关注其与身体、其他服饰部分的相互作用。例如，衣带上的光影变化，应体现其与腿部相接触的区域的压迫和弯曲，以及由此产生的阴影和光线反射。这样的处理不仅增加了画面的立体感，还增强了服饰的动态感和真实感。

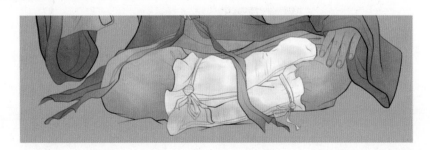

图12.2.17 衣带效果

在角色头部网巾位置借助闭合线稿的优势，使用快速平涂对网巾底色进行上色绘制。将之前绘制的网巾纹理线稿原位粘贴在底色层之上，并将其创建为剪贴蒙版图层（见图12.2.18）。

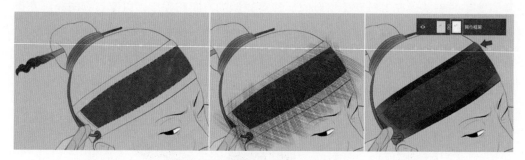

图12.2.18　网巾绘制效果

　　脸部绘制主要采用剪贴蒙版的图层结构进行多层的熏染绘制，使用了PS默认的圆头柔边笔刷。在图12.2.19中，适当调节前景色，在耳朵和脖子位置进行熏染绘制，形成含蓄的光影效果（图1）。在颧骨位置进行腮红熏染绘制（图2）。对面部整体的红晕效果进行熏染（图3）。适当调亮前景色，在鼻尖、鼻梁和额头位置进行亮部熏染（图4）。脸部的熏染效果同样适用于手部（见图12.2.20）。

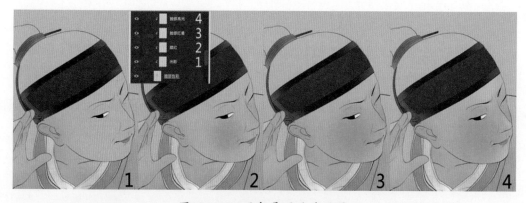

图12.2.19　面部叠层熏染效果

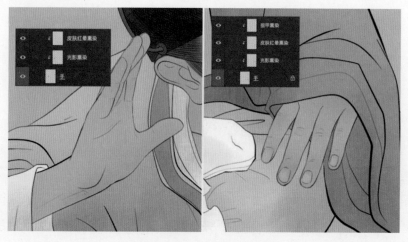

图12.2.20　手部熏染效果

图层组蒙版与图层蒙版相互配合，这样可对一个单独图层进行多重蒙版控制，后期编辑会更加灵活。例如，角色头发部分的绘制顺序为：①在当前图层蒙版对整体发际造型进行绘制。②将当前层嵌套在一个图层组中，对该图层组添加蒙版，使用黑色柔边画笔对头部边缘位置进行蒙版绘制，使头发边缘隐约呈现基底层的肤色。③继续重复图层组嵌套，并在层组蒙版中对鬓角下部进行虚化绘制。此外，对于画面中局部的头部装饰，可采用快速平涂、熏染等方式进行绘制（见图12.2.21）。

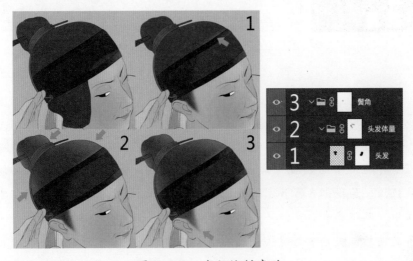

图12.2.21　发际绘制序列

在CSP中绘制线条时，对线稿进行分层规划是一个重要的步骤。例如，在头发的线稿绘制中，可以按照头发簇的单元进行分层，这样的处理有助于更清晰地管理和编辑线条。转入PS后，根据不同头发簇之间的遮挡关系，适时为每层头发添加蒙版进行调整。这种方法可以更精准地控制头发的细节和重叠效果。然后将所有头发层组合为一个大组，并为这个组添加蒙版。使用黑色的圆头柔边笔刷对头发的边缘进行蒙版绘制，尤其是在头部剪影和发际区域，以创造出自然的虚边效果。这样的处理不仅提升了头发的真实感，还增强了整体造型的立体感，使头发与整个画面更加和谐地融合（见图12.2.22）。

数字绘画作为技术革新的产物，为传统艺术提供了一个全新的展示平台。特别是在模拟工笔画等传统绘画技法方面，数字绘画不仅成功地保留了传统艺术的精髓，还为其注入了现代创新的元素。这种结合传统与现代的艺术形式，不仅有利于传统艺术的传承和普及，还拓展了艺术的表现手法和视觉效果。这样的融合不仅让传统艺术焕发出新的生机，也为当代创作者提供了无限的创造可能性。

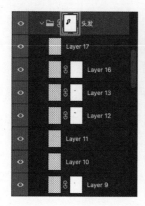 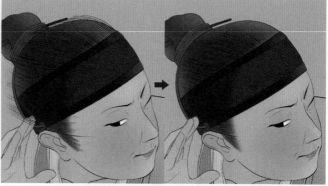

图12.2.22　头发图层组蒙版绘制

小结

作为本书的最后一章，本章精心展示了一系列综合性的数字绘画技法，呈现出丰富多彩的绘制序列和技巧。这些技法的相互交织和作用，不仅具有启发性，更体现了创新精神。数字油画模拟绘制技法所展现的传统艺术与现代科技的结合，不仅是技术的革新，更是文化表达的演进。这种技法为创作者提供了新的工具和视角，让他们能在保留经典艺术韵味的同时探索和创造出全新的作品。中国画模拟绘制技法在数字绘画领域中的独特价值和意义更是为创作者提供了一个广阔的舞台。希望通过本章的学习，读者能够理解并掌握这些技法，将传统艺术与数字绘画技术的优势结合起来，用现代的方式讲述中国故事，创造出既具有传统韵味又不失现代感的艺术作品。这不仅是对个人技能的提升，更是对文化传承和创新的贡献。

作业

选择中国传统二十四节气中的一个作为创作主题，创作一幅充满中国特色且艺术感染力强的插画作品。